大人的周末創業

讓經驗、人脈、興趣變現金的未來獲利術

藤井孝一 著
KOICHI FUJII
林詠純 譯

大人的周末創業
CONTENTS

2 成功開創小事業！大人的周末創業

4 「大人的周末創業」這樣做 實踐篇：獲得客戶

5 創業不能觸犯的十條禁忌

大人的周末創業
CONTENTS

推薦序

FOREWORD

想在世界站穩腳步，就得清楚「人生不是單選題」

少女凱倫

本書把邊上班邊創業，定義為「周末創業」，這已經不只是趨勢，而是世界顯學。以經濟面來看，如今高物價、高房價、低薪水，大部分產業也難以升遷，所謂金錢流動，往往是「高大上」階級的事，跟你我無關。在這樣的現實下，光領一份薪水，足夠嗎？

也許你覺得足夠了，但代價是永遠離不開公司賦予的頭銜與職位，即便想離開，也不知從何開始，因為你不清楚自己的能力，更不知道脫離企業的保護傘，把自己丟進市場之後，會是什麼樣子。但這些都不可怕，可怕的是書中提到「退休後的人生變長了」，失去工作的你，會不會形同空殼？

我自二〇一五年正式進入職場，此後一直都是「多工身分」。起初接各種案子，創立韓國服飾網拍，雖然理由是薪水太低，想多掙點錢而不得不為之，但做著做著居然就上癮了。因為我從中感受到，正職以外的「多重收入」所帶來的成就感。

當年我得花費很多下班時間，才能額外賺到微薄的一、兩萬元，但隨著時間推進，透過記者這份正職工作，我累積了許多「高級人脈」，更與這些人脈成為好友；同時也因為擁有「寫作」這份職能及興趣，成立自己的 Wordpress 個人網站，受到數十萬人關注。

事隔多年，我陸續接到企業、政府及校園演講邀約，也創辦跨界讀書會，將自己打造成平台，串接人脈，借力使力；更因擁有媒體職能，擔任不少新創、傳統公司的媒體顧問，協助客戶進行新聞議題設定、媒體曝光；雖一度成為自由工作者，但後續回歸媒體業，堅守新聞媒體專業。這便是書中提到「人脈×專業」的優勢。

二〇二〇年，我開設線上課程、受邀到國立大學當講師，合作邀約越來越多，逐漸找到自己的商業模式，脫離過往辛苦掙錢的日子。隨著事業發展開始系統化、規模化，我省下不少時間，提升策略思考的層次，並用對人才、落地執行，正式成立「少女凱倫股份有限公司」，負責新創公司媒體曝光、個人品牌培訓、內容行銷等業務。

當初若沒有提早準備，依照我的學歷、經歷，恐怕早被世界洪流淘汰，但正因為「周末創業」的精神，才得以在世界一角站穩自己的腳步。

願你終能開闢屬於自己的一條路。

（本文作者為跨界讀書會創辦人）

盤點現有資源，你也能實現更精采的創業人生

林靜如（律師娘）

這大半年來，我開始在自己的社群提倡「斜槓」的概念。當然，這個名詞算起來並不新，如果有稍微在關注趨勢的人，一定可以發現「一人公司」「斜槓創業」「多元收入」等觀念越來越盛行，特別是在今年的疫情過後，大家都會感受到，只有單項的收入，其實是生涯上很大的冒險。

而我自己最有感的，就是時勢變化之快，往往兩、三年就有天差地別。年輕的時候開始跟先生一起創業，從最早的百坪火鍋店到中期的薯條加盟，再到這近十年來的律師事務所，都是如此。

還記得火鍋店剛開張的時候，天天客滿，為此我們還不停增設座位，以容納更多的客人，結果才一年的光景，整條街上都開滿了火鍋店，我們也因

為競爭激烈，在開業一年多後不堪虧損，將店頂讓給別人，賠掉大部分學生時代打工的積蓄。

中期的薯條加盟，就是有鑒於第一次創業投資金額過大、固定成本過高，我們改為經營外賣，而且以連鎖加盟為目標，就不必籌備高額的資本，也能借力使力，讓其他營業主幫我們賺錢，結果才風風火火了三年，遇到當年的速食業龍頭炸油酸價過高的食安疑慮，導致那一陣子消費者都不敢吃油炸食物，我們旗下所有加盟者的業績都腰斬，事業又一次走入困境。

很幸運的，先生考上了律師，也順利開業。照理說，大家會覺得律師這個行業含金量頗高，應該沒什麼景氣循環的問題了吧！

其實，在事務所從事行銷的我，反而因為跟著先生從夫妻兩人校長兼撞鐘，到現在擁有十幾位員工，更深刻感受到做生意沒有一招打遍天下無敵手的這種事。從關鍵字、社群臉書、LINE@ 經營到現在的影音行銷，也幾乎是在兩三年內，競爭對手就會追上來，如果待在原地，就會發現好吃的乳酪怎麼不見了，最低的水果怎麼摘完了。

而我自己因為無意間涉入新時代的產物「網紅」的領域，不但因而對事務所的業務有所助益，也幫自己開拓了多元化的收入。

像是最早因為粉絲團的法律故事性寫作而收到出版社的邀約，陸續在三年內出了五本書；接受許多單位的邀約擔任講師，也曾任帶狀廣播節目的主持人；更因為創立了「娘子軍」創業成長平台，開發了廣告、業配、代言、課程、活動……等將近十種左右的所謂「轉換」的斜槓收入。所以我一直提倡跟我一樣的媽媽、主婦們都應該試試看、想想看，怎麼幫自己創造不同的斜槓身分。

如果你現在身為上班族或創業家，我更覺得可以思考看看，在本業之外，重新盤點自己的資源，點線面地去拓展自己生涯，降低單項收入的風險，開創更精彩的人生。

《大人的周末創業》這本書，透過許多實際的成功案例，帶領讀者發想並思考自己的優勢，相信對於已經摩拳擦掌的你，絕對會有相當大的助益。

（本文作者為知名作家）

活用網路媒體經驗，開創我的斜槓事業！

鄭緯筌

新冠肺炎疫情肆虐，讓很多朋友對生活充滿了危機感。大家不免開始思考，如果能夠在現有工作之外增添一分收入，應可多一些保障。

就在此刻，很高興得知今周刊出版社發行《大人的周末創業》這本好書。之前我便曾聽聞作者藤井孝一的大名，也相信本書可以帶給大家一些省思與啟發。

我也很高興有這個機會，可以跟大家分享我自己的「周末創業」計畫。認識我的朋友可能知道，自從離開媒體與網路產業的工作之後，我便以企業顧問、職業講師和專欄作家的多重身分在江湖走跳。套句現在的話來說，我也算得上是斜槓族吧？

近年來四處授課與擔任顧問諮詢的關係，我不但有機會接觸許多優秀的年輕朋友，也發現大家普遍都有職場寫作或撰寫商品文案、企畫書的需求。只不過，有些朋友太早把作文能力還給老師了，加上網路時代的到來，導致不少人現在一舉筆就感到千斤重！

話說回來，寫作本身是一門實踐的藝術，光是聽講或看書，可能還是有所局限。所以，我特別針對時下年輕上班族的需求，開發出華人世界首創的寫作陪伴計畫。我的起心動念很簡單，無非就是希望結合自己多年的寫作教學經驗，帶著學員開始練習與成長。

「Vista寫作陪伴計畫」其實一開始只鎖定對寫作感興趣的朋友，希望能夠循序漸進地陪他們走一段路。但是，我很快就發現自己錯了！真正的市場區隔，應該是要鎖定以下的族群：

第一種，是剛踏入行銷、公關、企畫或業務領域的新血，期待了解最新的社群與內容行銷趨勢，為自己的專業加分。

第二種，是廝殺過無數專案的行銷老手，希望學習如何強化品牌與內容的連結，創造更深更廣的行銷綜效。

第三種，是創業家及品牌經營者，想要全方位打造品牌，並有效傳達給市場。

第四種，則是專業工作者，希望運用品牌展現專業與影響力，開創職涯的新可能。

經過一番洞察，終於能夠釐清潛在客群的需求與學習動機，便不難勾勒出目標受眾身處的環境與可能的場景。

舉例來說，某位學員可能想要從事副業，所以需要學會撰寫吸睛的商品文案。後來，她在網路上發現「Vista 寫作陪伴計畫」，就決定報名學習寫作和行銷。

報名之後，會由我跟她一起研擬學習計畫，如此一來，不但可以掌握自己的學習進度演練，還可隨時與講師討論，強化自己的寫作能力。

從二〇一九年一月開始，「Vista 寫作陪伴計畫」已經順利推出七期外加兩期企業包班。換句話說，我已經陪伴接近兩百位夥伴踏上寫作之路了。

每當新一期「Vista 寫作陪伴計畫」開班前夕，我都會花時間了解學員的背景，聽他們暢談對於寫作的需求和看法，接著逐一根據其需求來協助擬定學習計畫。如此一來，才能確保「Vista 寫作陪伴計畫」對學員們有所幫助；話說回來，這才能確保我的「周末創業」計畫能夠永續經營。

最後，很誠摯地跟大家推薦藤井孝一的《大人的周末創業》這本好書。如果你也懷抱著創業夢，或者想要開拓自己的副業，建議可以多加參考哦！

（本文作者為「Vista 寫作陪伴計畫」主理人）

前言

PREFACE

周末創業，是大人的最強武器

你聽過**「周末創業」**嗎？

這是一種特別的創業型態：平常在公司上班，趁著周末創辦自己的事業，等事業上軌道之後再辭職。我從二十多年前便開始向上班族推廣這種創業法。

當時，創業必須懷抱「不成功便成仁」的覺悟，先辭去工作才能開始。

但周末創業顛覆了這樣的認知，所以又被稱為「耳目一新的創業法」。

我在二十多年前開始推廣周末創業，也就是二〇〇〇年左右，當時日本的景氣跌到了谷底，多數上班族都感受到裁員或破產的危機。日本企業已經無法再繼續維持曾被世界譽為聘僱美德的「終身僱用制」了。

我所提倡的周末創業，卻穩穩支撐了因「終身僱用制」終結而走投無路的上班族。

◉退休後的漫長日子，靠什麼維生呢？

過了二十年，周末創業已經不足為奇。即便如此，我依然選在這個時候重新推廣，**因為上班族——尤其是中年以上的人，正面臨新的苦難。**

這個意想不到的苦難正是「長壽」。如今是人生百歲的時代，就算退休，人生依然日復一日地持續。人們失去了賺錢的手段，人生卻變得更加漫長。

過去，我們都仰賴退休金、年金等制度補足退休後失去的收入。從受領人的立場來看，這確實是非常傑出的制度。無論市井巷弄還是觀光景點，都充滿了靠年金享受餘生的老人。

然而，站在國家的立場，這樣的老人卻形同「米蟲」。如今，各國都面臨著財政困難的危機，年金也存在著財源不足的隱憂，這樣的制度終究不可能永遠維持下去。

如果當事人在退休後仍能繼續賺取收入，無須依靠年金過活，那當然再好不過。但多數退休人士只有領公司薪水的經驗，根本不知道該如何自力更生。

在這種情況下，日本政府採取的對策是「延後退休」，也就是藉由延後年金開始給付的時間，抵銷因長壽而變長的發放期間，並且要求企業保證聘僱到年金開始給付的時間為止。簡而言之，就是強迫公司照顧這些既無法自力更生，又已超過「賞味期限」的上班族。

既然國家都已下達指令，企業也不得不接受，但又接受得不情不願，所以無論是薪水待遇，抑或是工作內容，都經常無視個人的經驗與適性，損害員工的尊嚴。

即便如此，上班族也只能忍受。因為除了領薪水之外，他們沒有其他謀生之道，只能在年金開始給付之前，想方設法維持生活。更糟的是，按照目前趨勢，今後年金開始給付的時間，很可能將愈來愈晚。

換言之，現代上班族面臨的真實處境，就是**即使到了六十歲的退休年齡，也很難退休**。過去因「終身僱用制」瓦解而走投無路的上班族，如今卻被困在扭曲的「終身僱用制」當中，真是諷刺。

上班族之所以被迫一再承受這樣的試煉，追根究柢，都是因為大多數人無法自力更生，不知道除了公司發放的薪水之外，還有其他靠自己力量賺錢的方法。

不知道也無妨，只要肯學就沒問題了。對此，周末創業依然是個有效的好方法。趁著還在公司的時候創立自己的事業，培養謀生能力，即可在退休年齡到來時，辭去公司的職務，靠自己的力量謀生。

我抱持著這樣的想法，翻出了過去周末創業的方法論，針對即將邁入退休年齡的五十歲世代進行調整。改良後的內容，即為這次所提倡的「大人的周末創業」。

◉邊上班，邊讓事業步上軌道

本書雖然寫給五十歲左右的讀者，但三、四十歲的人也值得一讀。退休和破產或裁員不同，是每個人遲早必須面對的問題，沒有人是局外人。而且愈早開始準備愈好，就和資產管理一樣。

本書介紹了「邊上班，邊創立自己的事業，並讓事業步上軌道」的方法。只要閱讀並加以實踐，就能減輕對於漫長餘生的不安，每天過得更愉快，也不必再擔憂為年輕人造成麻煩而感到自卑，不同世代得以安然共存。

如此一來，就能盡情享受長壽的恩惠，度過幸福的人生下半場。請各位務必一讀。

人生百歲的時代來臨，
大幅改變退休後的生活！

過去	
退休年齡	＝ 60 歲
壽命	＝ 75 ～ 80 歲
退休後的 35 年	＝享受餘生

今後人人都得面對的重大問題

今後	
退休年齡	＝65 歲
壽命	＝100 歲
退休後的 35 年	＝不工作，錢就不夠用……

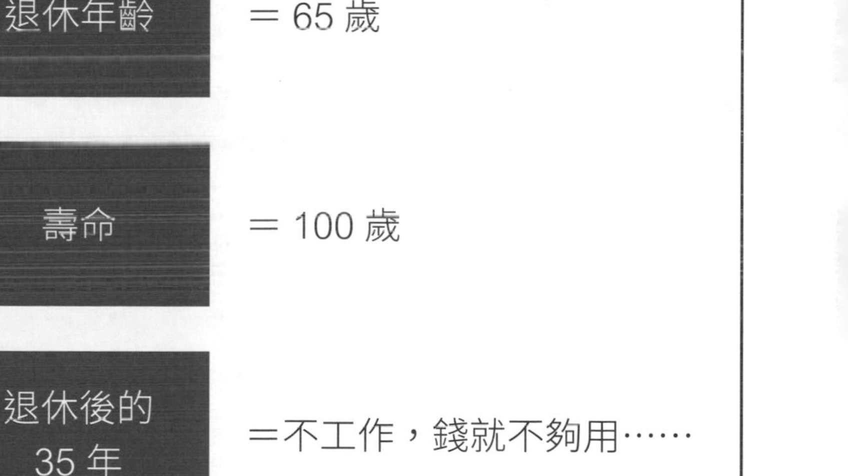

沒有收入就糟了，
但是工作怎麼找？

退休方式❷	退休方式❶
如期退休	延後退休
↓	↓
問題	**問題**
・無所事事 ・無法盡情花錢	・薪水大幅減少 ・一成不變的職務，缺乏成就感
↓	↓
結果	**結果**
就算急著找工作，也很難成功	再怎麼努力，也只能做到 65 歲

退休後的漫長時間該如何度過？

退休方式❸

換工作

↓

問題

- 只有少數能力好的人才辦得到
- 就算辦得到，薪水也會變少

↓

結果

最後反而提早退休……

退休方式❹

自己創業

↓

問題

- 以前沒試過
- 有失敗的風險

↓

結果

如果成功，就能同時獲得收入與成就感

不靠公司，
也有賺錢的方法！

才能❶

長期的職場經驗

幾十年來身在公司組織，累積了不少經驗，在各別領域中也擁有一定程度的專業能力。這個時代，把經驗變成金錢並非難事。

才能❷

擁有人脈

身邊應該有許多在工作上幫助過你的人，或是你幫助過的人，這些人脈是年輕人所沒有的資產。剛開始創業時，他人的幫助是非常難得的資源。

大人擁有
周末創業的才能

才能❸

手頭上有些資本

現在的收入想必比年輕時更多，也有一定程度的存款與退休金。周末創業雖然不需要太多資本，但手邊保有一些資金，依然是項優勢。這是大人的特權。

才能❹

具有權威感

現在的你，看起來比年輕人更有權威感。經營事業講究信賴，透過外表或氣質展現威嚴更顯重要，年輕創業家在這方面就很辛苦。請善加利用人生至今所累積的威嚴吧！

周末創業的成功案例接連登場！一同加入他們的行列吧

成功案例

以海鮮專家的身分，舉辦魚類食育企畫、擔任餐廳顧問。

詳情請看 136 頁

成功案例

運用不動產業務的經驗，擔任投資顧問。

詳情請看 73 頁

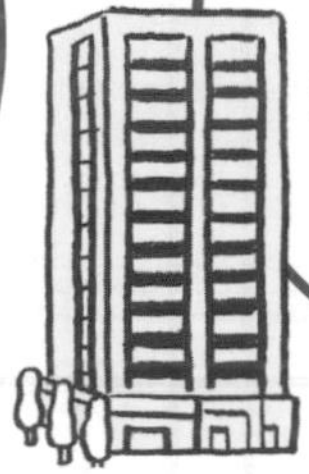

成功案例

運用海外業務的經驗，靠著翻譯仲介業賺錢。

詳情請看 137 頁

成功案例

被診斷為代謝症候群後開始減重，運用自身經驗成為減重教練。

詳情請看 78 頁

接下來到底該怎麼做才能賺錢？

成功案例

活用健身的興趣，成為個人教練！

詳情請看 77 頁

成功案例

取得紅酒證照，主辦紅酒會！

詳情請看 103 頁

成功案例

活用百貨公司外商經驗，成為活躍的收納顧問。

詳情請看 75 頁

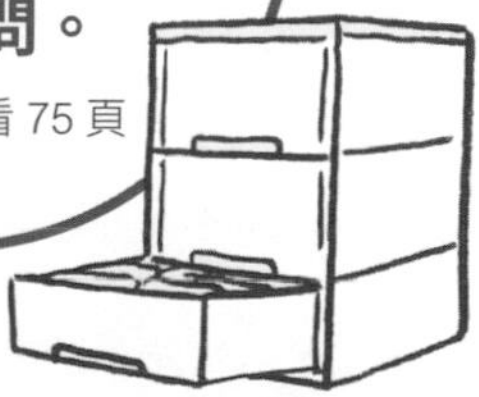

成功案例

廣泛開拓事業，從婚禮司儀派遣，到聯誼活動策畫，一手包辦結婚產業鏈。

詳情請看 135 頁

0

靠「自力更生」戰勝退休衝擊

大人所面臨的人生關卡

「大人」有許多不同的定義，本書使用的定義是四十至五十多歲，為養家餬口而工作的上班族。

符合上述定義的大人，即將面臨下列三道人生關卡：

❶ **五十五歲前後　管理職年限**[1]

❷ **六十歲　退休・重新僱用**

❸ **六十五歲　停止重新僱用**

今後將迎來「人生百歲的時代」，人類的平均壽命不斷延長，據說現年五十多歲的人們，平均能活到九十歲左右。過了六十歲以後，也還有將近三十年的歲月等著我們。

如此漫長的歲月裡，是要享受人生下半場，還是成為勉強度日的「下流老人」，端看如何度過這三道關卡。日後將走上哪條人生道路，將取決於接下來這幾年的準備。

本書將告訴你接下來的準備方法，如果你覺得「只要盡我所能地賴在公司，就能靠退休金或年金過日子」，我只能說你太天真。如同各位所知，無論是退休金制度還是年金制度，都已經愈來愈靠不住。

一路工作到八十歲

最近常聽到「人生百歲」這個說法。此概念出自《一百歲的人生戰略》（林達．葛瑞騰、安德魯．史考特著）這本書。想必很少人在聽到「百年壽

1 編按：日本企業針對管理職務訂定退休年齡的制度。例如，若五十五歲時尚未晉升為總經理，將解除其職位，降為一般員工。

命」時，能夠單純感到欣喜，大多數人腦中都會閃過對金錢與健康的不安。畢竟，如果必須在貧窮、不健康的狀態下多活好幾十年，任何人都會寧願壽命短一些。

健康方面的問題，或許只要注重養生就有辦法解決。近年來，人們的營養攝取狀況已經大有改善，醫療科技也日新月異，相關知識的普及與生活型態的改善，也對健康帶來極大助益。現在的五十歲世代，看起來遠比三十年前的五十歲世代更年輕，即是證明。

問題是錢。根據前面提到的《一百歲的人生戰略》，**我們這個世代的人，如果想在退休後以「退休前五〇%的生活費」生活，即使在工作時存下每年所得的一〇%，也必須工作到八十歲。**

但另一方面，人類的平均壽命愈長，年金財政就愈嚴峻，再加上出生率大幅下滑，也會對年金制度造成壓力，使得政府的債務增加。預估到了二〇五〇年，每十名就業人口就必須扶養八名退休人口。再這樣下去，年金制度的破產已經可以預見。

當然，政府也沒有袖手旁觀，而是積極推動相關政策，譬如日本政府逐漸延後年金開始給付的年齡、要求企業延長僱用與允許從事副業。但這些措施的目的，都是為了讓企業與個人自行填補逐漸短少的年金。

壽命雖然延長，年金的給付總額卻沒有增加，只能靠儲蓄等管道彌補不足的部分，或是為了減少無收入的時間而延長勞動時間。無論如何，在接下來的時代，退休之後很難只靠退休金或年金生活。

過去仰賴的事物，逐漸變得無法依靠，任誰都會惴惴不安，於是相關議題的書籍相繼出版，旨在解決退休後的不安。但是書中提到的對策，大多是敦促個人努力，譬如**「存下部分所得、盡量工作得久一點」**。不足的部分，終究只能靠自己賺取。

無論如何，能夠賴在目前公司的時間依然有限。政府雖然要求（強迫？）企業為想工作的員工盡量延長工作期間，然而每年都有人達到退休年齡，延長僱用也不可能永無止盡。企業在逐漸激烈的國際競爭當中，也絕非遊刃有餘。如果讓技術力與勞動力低落的高齡員工長期賴著不走，將會成為年輕員工的累贅。

來到人生下半場，卻被年輕同事當成死皮賴臉待在公司裡的包袱，對年長者來說也是精神上的折磨。即使想要跳槽，卻隨著年紀增長而難以找到工作，終究只能自己尋找賺錢的管道。

你是否能夠自力更生？

如果缺乏經驗，就算知道要「自力更生」，想必也很難做到。這不難理解，畢竟從出社會以來，所有的收入都來自於公司薪水。

這時就輪到本書登場了。二十多年來，我持續將創業方法傳授給「想要創業」的上班族，尤其是「雖然想創業，卻又因為害怕失敗而猶豫不決」的人。我不僅建議他們趁著還在上班的時候就開始創業，也協助後續創業活動。因為我自己就是邊上班邊開始創業，最後離開公司獨立開業。

我把「邊上班邊創業」的創業型態，命名為「周末創業」，並整理成冊。許多上班族都讀了這本書。

然而，現在的時代背景已經和當時大不相同。我剛開始從事這個活動時，正是企業拋棄終身僱用制，導入成果主義、裁員減薪，把壓力轉嫁到員工身上的時代。周末創業成為對付公司的一項對策，獲得許多上班族的支持。

後來，我成立了以協助周末創業實踐者為目的的社群「周末創業論壇」（現在的「周末創業實踐會」），會員人數累計超過兩萬人。我也將指導論壇時使用的方法論，提供給通訊教育機構 U-CAN 作為通訊講座的教材，周末創業因而形成一大風潮。

如今，「邊上班邊開始創業」的周末創業型態，已經成為人人習以為常的趨勢。

為什麼已經創下上述成果的我，現在又要向即將退休的各位，再度提倡周末創業呢？原因就如本書開頭所述，**五十歲左右的世代，正面臨嚴峻的狀況**。我堅信，周末創業依然是有效的解決方法。

我開始推廣周末創業，是在三十多歲的時候。當時的目的是為了拯救在不景氣與裁員危機中掙扎的上班族，所以這些與自己同世代的上班族，就是我的指導對象。

後來，經過二十年的歲月，我成了一位大叔。我的讀者，以及我所協助過的人，也逐漸來到管理職年限或是退休年齡。大家開始面臨全新的難題——「長壽」。我認為，周末創業正是面對嚴峻現實的有效解決方案，於是決定再度推廣。

大人才辦得到的自力更生法

再次倡導周末創業還有另一個理由，那就是自己已經來到了一定的歲數。變成大叔之後，漸漸開始了解過去無法體會的感受，譬如很多事已經無法做得像年輕時一樣好。速度、專注力、理解力都不比從前，就算想靠著意志力撐過去，也變得力不從心。話說回來，這個年紀本來就比較難產生動力，即使有也無法持續。

我以前會提出一些勉強靠勞力取勝的指導，譬如「為了提高品牌力與認知度，請每天撰寫部落格」，或是「為了增加網站點閱率，請盡可能增加頁面數量」。

面對抱怨「時間不夠」的人，我會說「減少睡眠時間就好了」；抱怨「沒有人脈」的人，我則會建議「多多出席讀書會，發出一千張以上的名片」。現在回想起來，這些指導靠的都是毅力與體力，就像運動社團一樣。雖然我自己就是這樣撐過來的，但現在回想起來，這些建議都太稚嫩了。

此外，當時的自己能夠早一步引進最新的潮流與科技，率先實踐並做出成績，接著將方法整理為系統，應用在指導之中。但是最近連跟上時代潮流都變得愈來愈困難。要把自己也做不到的事情推薦給別人，讓我有點抗拒。

但另一方面，有些事情在自己變成大叔之後也獲得了改善。舉例來說，三十幾歲的我，不管對五十歲左右的人說什麼，大家都會覺得是「年輕人的小聰明」，而不願意好好聽進去。當時來找我諮詢的人，有些確實和自己的主管或父親差不多歲數，其中就有人露骨地表現出這樣的反應。那個時候，我對自己的年輕感到很不甘心。

換作是現在的我，想必那個世代的人們都會願意聽取建議。**出自於這樣**

的想法，我刻意將本書的對象鎖定在四、五十歲左右的世代。

這個世代擁有許多該年齡層特有的優勢。以我為例，我經營公司超過十六年，也以顧問身分累積了許多指導創業家及企業的經驗。我對經營的理解，遠比當時還要深入。

除此之外，身為經歷過許多風浪的創業家，我所獲得的知識、智慧與技巧都有了經驗背書，更懂得預測事態走向，人脈的增長也與當時不可同日而語。

就這個部分而言，我想各位讀者也是一樣的。與年輕時相比，工作經驗更多，社會地位更高，可自由運用的時間想必逐漸增加，而且收入更加豐碩，孩子的教育費與房貸等貸款也即將付清，資金調度更自由。

運用這些優勢自力更生，即是將「長壽」的現狀，從「受難」變成「福音」的訣竅。

因此，必須趁著現在還能領公司薪水的時候，創立自己的事業。如果運氣好，事業就能順利步上軌道。這就是周末創業。

然而，一般的周末創業是行不通的。大人必須採取大人應有的戰鬥方式——客觀分析自己的弱項與強項，在擅長的領域中戰鬥。「大人的周末創業」靠的不是體力，而是腦力，本書將會針對此方向進行解說。

那麼，就讓我們盡快開始大人的周末創業課吧！

1

這樣的退休生活，好恐怖！

【同學會續攤的一幕】

我　哇，好久沒喝這麼過癮了，喝多還是會醉的。

朋友　畢竟老了啊，最近愈來愈不耐操了。說起來，我們也差不多到了該考慮退休的年紀，不過你年輕的時候就出來創業，應該不用擔心吧？

我　雖然我覺得退休還太早，但最近確實有同感。

朋友　我們公司設定了管理職的年齡上限，最近除了像我們這樣的不動產公司之外，其他公司也都是如此。再工作個幾年，實質上就相當於退休了。

我　接下來你打算怎麼辦呢？

朋友　我應該不可能升到董事，所以一定得從管理職退下來。到時候不只失去頭銜，也不能再管理下屬，薪水應該會少個三成左右吧。

我　處境相當艱難啊。

朋友　有工作就要偷笑了。還好已經不需要再為子女花錢，房貸也差不多快要還清。我不打算再往上爬，所以就照自己的步調，徹底當個普通員工吧。

我 換句話說，就是在公司賴著不走吧。

朋友 是啊。當然，到了六十歲還是得退休。不過如果願意，還可以在公司留個五年。

我 聘僱期間似乎也有延長的傾向，到時候可以領到一筆不小的退休金吧。

朋友 對啊，不過還是得為將來存錢才行。聽說退休後的生活，需要三千萬日圓左右的資金。

我 原來如此，能繼續當上班族還是很不錯。接下來你打算怎麼辦？

朋友 六十五歲以後才能領到年金，所以我應該會工作到那個時候。遇到條件合適的同業挖角，我也打算接受。實際上已有好幾間公司來找過我了。如果跳槽有困難，那就只能繼續在目前這間公司辦理延後退休。再不然，到本地的銀髮人力中心登記也是一個方法。

我 這樣沒問題嗎？

朋友 嗯，反正六十五歲就能領到年金了。在這之前就靠退休金撐一陣子吧。只要省一點，生活還是有辦法過的。反正平日去打高爾夫球也比較便宜，還能享受含飴弄孫之樂。

我 你竟然有孫子了！

朋友 這樣的生活過著過著，最後連身體也漸漸不聽使喚，這就是真正的退休吧。雖然平凡，但也還算幸福。

我 原來如此。雖然潑你冷水很不好意思，但這個計畫的後半段可能難以實現。

朋友 什麼？

1 這樣的退休生活，好恐怖！

這是實際發生在我與朋友間的一段對話。這位朋友是我的同學，同為五十歲左右。從學生時期就很優秀，進入大企業工作，並一路晉升管理職。這位朋友在結束同學會之後，直言不諱地告訴我接下來幾十年的打算，以上即是當時的對話。雖然平凡，但稱得上是理想的退休生活。

我們父母世代的退休生活就是這種感覺。我的父母也是在高度經濟成長期踏入職場的典型上班族，現在正過著這樣的人生。

現年五十歲左右人士的退休前職涯規畫，確實就如同我朋友的預想。這麼說雖然不太好聽，但這個世代的人只要繼續在公司撐個幾年，就能勉強在退休之前安全下莊。

問題在於六十歲退休之後，接下來才是麻煩的開端，因為人生足足有一百年那麼長。

退休後的人生變長了

《一百歲的人生戰略》這本書道出了驚人的內容。出自於書中的「人生百歲的時代」一詞，被提名為日本二〇一七年的流行語大賞。讀過這本書的人很多，我想受到衝擊的人也不少。證據就是日文版雖然厚達四一六頁，卻依然持續熱銷，至今已經賣了超過三十萬冊，更獲得眾多媒體介紹，應該不少人有所耳聞。

不過應該還是有人沒讀過，以下為沒有讀過的人進行簡短介紹：

「我們的壽命不斷延長。人類的平均壽命每年約增加三個月，每十年就會增加二到三年，不久之後將會超過一百年。至今為止，退休後的生活都靠年金制度支撐，但這樣的制度已經難以持續。換句話說，過去『讀書、出社會、退休、悠閒度過餘生』的人生劇本已經不再適用，工作期間勢必得拉長。

所以，必須重新安排人生規畫，否則退休後將會面臨破產難關。重點在於持續賺錢，盡可能工作得久一點。為此必須維持健康的身體與良好的人際關係，更重要的是保有臨機應變的能力。想要達成以上目標，必須持續探索自己的興趣與天賦、不斷學習、提升技能，並且努力把這些成果化為收入。現在一定要找到適合自己的生活方式，重新擬定計畫，付諸實現。」

如果人生變成一百年，**那麼離開職場之後的歲月，甚至可能延長到三十至四十年**。如此一來，金錢積蓄絕對會見底。

過去，退休後的收入一直都是仰賴年金。日本高齡者家庭的平均年收入為二九七．三萬日圓，但實際上，其中有六八%的家庭，總所得的八〇%都來自政府的年金或撫卹金。

然而這條路今後行不通了，因為年金的財源已經見底。國家也沒有料到國民可以活到一百歲。即便壽命無法達到百年，仍得面對「少子化」「高齡化」的問題。負擔年金財源的工作人口逐漸減少，領取年金的人卻持續增加，如此一來，財源當然會愈來愈少。這樣下去，財政必定會破產。

所以國家應該要採取對策。其方法有二，**一是延遲開始給付的年齡，二是減少給付額**。如果不雙管齊下，年金恐怕會撐不下去。目前日本政府正朝著這個方向採取行動，例如邀請《一百歲的人生戰略》作者林達．葛瑞騰擔任顧問，舉行「人生百歲時代構想會議」，設法讓國民盡量工作得久一點，也半強迫性地促使企業盡可能延長員工的僱用期間。**最終目的是讓國民工作到七十五歲**，藉此逐漸壓低社會保險費。

目前年金開始給付的年齡是六十五歲，但這個時間想必會逐年延後。簡言之，現代人即使超過六十五歲，還是必須繼續工作。前面介紹的《一百歲的人生戰略》中也提到，**我們如果不工作到八十歲，家庭收支就會失衡。**

仰賴年金的另一個隱憂是通貨膨脹。即使是目前正處在通貨緊縮狀態的日本，到了某個時間點，還是必定將朝著通貨膨脹發展。因為全球的經濟互相影響，日本不可能像座孤島一樣，永遠維持著通貨緊縮的狀態。

一旦開始通貨膨脹，直接遭受損失的就是靠儲蓄與年金生活的人，高齡者即為其代表。為了避開通貨膨脹的衝擊，必須持續獲得收入。換句話說，離開公司之後依然繼續工作，才是最強的防衛對策。

退休後持續工作的方法

面對老後的準備，最大問題即在於「該如何持續工作」。對此，一般可以想到的方法如下：

◉待在目前的公司，繼續擔任正職員工

這個方法就是繼續在目前的公司擔任正職員工。如果任職的公司體質良好，自己也具備實力，就不需要在意年齡，得以持續工作下去。

事實上，**最近愈來愈多中小企業考慮廢除退休制度。**背後的原因是人才不足——公司缺乏能力強、經驗豐富的人才。現在也有公司基於相同理由延後退休年齡，引進六十五歲退休制度。

因此，對於六十歲以上員工的聘僱現況，愈來愈多公司不再著重於認可與獎勵他們過去的功勞，而是希望他們比以前更加積極地帶來貢獻。

中小企業的技術人員與業務人員中，確實有人即使超過六十五歲依然辛勤工作。不少案例顯示，資深老手帶給公司的收益，遠高於缺乏幹勁又能力不足的年輕人。他們運用長期累積的知識、經驗與技術，為公司締造貢獻，獲得與之相符的報酬，而公司也希望他們盡可能延長活躍的期間。

如果你為這樣的公司服務，自己也有足夠的能力，就能延後退休的時期，盡可能繼續在公司工作。但即便是這樣的公司，也不可能厚待所有高齡者。只有能力好的人，才能獲得與貢獻相符的待遇。就這層意義來看，現代上班族可說是置身於嚴峻的實力主義環境當中。

◉利用退休後重新僱用的制度

日本在二〇一三年度實施了「改正高齡者僱用安定法」。這條法律規定，若僱主規定的退休年齡未滿六十歲，就有義務保證僱用員工到六十五歲。這是伴隨著勞保年金給付年齡下調所進行的修訂。[2]

即便在六十歲退休，六十五歲之前也領不到退休金，因此，很多人不得不提出留在公司的申請。我想這是最實際、最多人考慮的方案。

然而，雖然企業有義務僱用員工到六十五歲，勞動條件卻可自由設定。因此重新僱用的退休員工，一般都會成為兼職約聘人員，收入也會大幅減少。**據說六成以上的人，收入都會減少超過四成**，有時候甚至可能和剛畢業的員工差不多。即使如此，很多人依然覺得「有收入就該偷笑了」。

這項方法，和前面提到的「延後退休」大不相同，此方案是退休之後，每年都必須以約聘方式重新簽約。公司雖然因為法律規定而不得不遵守，但其實並不希望虧本的人力長期賴在公司，所以僱用條件當然不可能與正職員工相同。而工作態度不好或成果不佳的員工，待遇也會愈來愈差。

◉現在開始跳槽

這個方法就是跳槽到其他公司。各位或許會覺得上了年紀後很難跳槽，

2 編按：台灣目前法定退休年齡亦為六十五歲。

但其實機會出乎意料的多。好好活用過去的經驗，還是有機會靠著業界的人脈或門路轉職成功。

如果想要跳槽到同業公司，只要工作評價夠高，就有機會前往對手公司或合作公司任職。畢竟現在十分缺乏人力，工作年齡人口減少，企業業績卻呈現反彈的趨勢，使得企業招不到人的情況更加嚴重，**尤其經驗豐富的資深員工更是不足。**

在這樣的環境下，不少企業急需人力，即便是能力不突出的求職者也可能獲聘，所以選擇跳槽到不同產業，也是大有機會。譬如剛成立不久的創投企業，想找資深人才擔任會計或總務——類似這樣的案例時有所聞，甚至可能已經有讀者接過邀請。如果有這樣的管道，不妨考慮一下。

積極與外部人才交流，對方比較容易開口邀約，也有利於我們反過來挖角。當然，此方案的前提是自己在任職期間內已獲得一定程度的評價。為此，必須在退休前全力以赴地工作。

◉有機會就往上爬

這個方法就是在大企業工作，成為董事。在五十歲時步上這條軌道，擔任事業負責人或執行董事級別的職務，就有可能晉升為董事。公司比較容易延長這類人的僱用期間，想必也能獲得比現在更高的收入。

即便空降到關係企業，直到七十歲左右為止，都還是能夠領取高額收入。這樣的人不需要偏離現在的軌道，只要想盡辦法在這條路上走遠一點、出人頭地就可以了。

然而，能走上這條路的人有限。不只需要實力，更深受運氣影響。如果你現在正走在這樣的軌道上，只要繼續前進即可；但如果現在才以此為人生目標，或許有點困難，也為時已晚，畢竟客觀來看，勝負已分。話說回來，我想這些身居高位的人，應該也不會拿起這本書吧。因此，他們不是本書討論的對象。

上述即是一般常見的退休後生活方式。這些選項的重點，都是在退休之後依然持續在公司工作，只是方式不同而已。對於出社會後就一直領薪水的人而言，這些方法能夠繼續維持熟悉的上班族生活，可說是相當實際的做法。

不可能當一輩子的上班族

目前為止列舉的方法，都是「盡量延長在公司上班的期間」。**換句話說，就是以「當一輩子的上班族」為目標，形同「終生上班族宣言」**。

繼續當個上班族，未來的生活即是「過去的延伸」，好處是可以無痛上手。而且五十歲左右的世代，不像年輕時那樣懂得應變，因此終生上班族的一大優點，就在於「即便接下來的生活與過去略有不同，大致上仍不需要再挑戰新的事物」。

至於缺點，就是**這樣的生活並不足以度過百年人生**。就算想當一輩子的上班族，但能夠當上班族的期間，從六十歲起算也頂多只有短短幾年，終究只是權宜之計。

如果人生變成一百年，那麼八十歲以後也需要繼續工作。但是，只要受僱於人，就不太可能自由決定什麼時候退休。

而且，就算幸運獲得公司重新僱用，身分也不再是正職員工，缺乏保障。如果景氣不好或工作狀況不佳，就可能被趕出公司。

當然，並不是只有退休後才缺乏保障。現在已經很少人把「獲得公司錄用」當成一輩子的工作保證。事實上，很多人因為裁員或公司破產而丟了飯碗，而我也知道很多在公司鬥爭中成為犧牲品，最後被趕出公司的例子。

只要還在領別人薪水，就絕對不可能獲得穩固保障。**能夠在公司待到現在，只是碰巧運氣好。**許多人只因為距離退休的日子愈來愈近，就誤以為自己有辦法安全下莊。

最重要的是**做好準備，不管發生什麼事情，都要懂得保護自己**，並且想辦法掌握自己人生的主導權。為了達成目標，你必須擁有「不靠公司就能賺錢」的能力。換句話說，就是趁現在做好準備，讓自己隨時都能自力更生。

薪水變少，工作也變無聊

其實推遲退休的時間，有個很大的缺點，那就是**學習自力更生的機會也跟著延後了。**

我想各位都知道，不管是誰，總有一天都得離開公司，憑一己之力生活。人生百歲的時代，人人都必須工作到八十歲，**無論透過哪種形式的僱用制度，都很難在目前的公司待到八十歲。**

無論任何人、任何領域，最終都得靠自己的力量，走出一條賺錢之路。未來就是這樣的時代。

為此，你需要「自力更生」的能力，而且愈早習得這樣的能力愈有利。

理由就如同前述，隨著年齡增長，許多事情都做得不如以前好。與年輕時相比，速度、專注力、理解力都逐漸下滑，體力也變差，如果想靠意志力撐過去，還可能搞壞身體。

也許有人覺得「等到六十五歲離職後再來打算就好了」。當然，這也是一種辦法。但是等到六十五歲才開始計畫，那就太辛苦了。我至今為止協助過許多上班族展開創業，基於經驗，我必須老實說，開始創業的年紀愈大，成功機率確實就愈低。

可以的話，至少應該趁著現在──尤其趁著還在公司的時候，開始用心培養自力更生的能力。

到此為止，本書主要都是從金錢方面討論六十歲以後的工作。**但是工作帶來的回報，不應該只有金錢**，更有成就感、歸屬感、頭銜等。

採取延長僱用等方案，就可能會失去以上附加價值。在多數情況下，延長僱用期間內的工作內容有別於正職，說不定得忍受一成不變的作業或輔助性業務。屆時也不會有下屬，更糟糕的情況是過去的下屬成為上司，你可能得淪落到幫忙影印、製作簡報的地步。

薪水變少，工作也變無聊，想必將會逐漸失去鬥志。此外，**該如何面對「失去自己容身之處」的內心失落感，是個更大的問題。**能不能在人生後半場的職涯得到成就感，成為益發嚴峻的課題。

早一步逃出公司

既然說到成就感，就來聊聊我自己的經驗。我雖然洋洋灑灑地大談職場現況，但其實自己也不能置身事外。

我在三十四歲成為獨立顧問，四十歲成立顧問公司，最後甚至擁有了十多名員工。客戶和員工都對我很照顧，就一間顧問公司而言，也發展出了還不錯的規模。這段期間更出版了五十多本書，其中好幾本成為暢銷書。

說到這裡，或許有讀者以為我「擁有特殊才華」，但其實我非常平庸，這完全不是謙虛，我甚至覺得自己相當笨拙。

證據就是我在公司上班的十二年間，沒有留下任何了不起的業績，上司與前輩對我的評價也不好，我辭職的時候幾乎形同被趕出公司。當時在公司的表現，簡直就是所謂的失敗組。

不過，**我有個值得驕傲的優點，那就是擁有身為凡人的自覺。**平庸的我，一直以來都把心思放在「比別人提早一步行動」。

我會早一步察覺將來可能發生的事情，比任何人都提早進行準備。如果發生災害，我會在警報響起的時候，不，甚至在警報響起之前就察覺危險，率先逃跑。我所採取的行動，完完全全就是弱者的生存戰略。**如果用草原上的動物來比喻，我就是草食動物羚羊**，至少不可能是獅子。無論考試或找工作都是如此，我總是比別人早一步行動，藉此克服難關。

即使出了社會，這點也沒有改變。當我發現上班族所處的環境變得愈來愈嚴峻時，就搶先一步逃出組織。自己創業聽起來很酷，但簡言之就是落荒而逃。

創業之後，提前採取行動的生存策略依然沒有改變。目睹許多經營者苦惱於接班問題後，我就早一步把自己的公司交棒給有能力的接班人。

就像這樣，我的人生進度不斷超前，結果回過神來，在五十歲的時候就已經退休了。退休之後無事可做，所以不分平日或假日、白天或晚上，心血來潮就上健身房、外出旅行、打高爾夫球、尋訪喝酒的好去處。

還在上班的各位或許會很羨慕，我一開始也以為這就是理想的生活。然而，我現在卻打從心底覺得「我的人生不應該只是這樣啊！」

請各位想像一下，正值壯年時期的人，從早到晚待在家裡的模樣。家裡的老婆小孩各自出門，回家之後彼此分享當天發生的事情。但是沒有工作的我，既無處可去，也沒有可以跟家人分享的故事，更遑論成為孩子的榜樣。

此外，生活中交流來往的人也改變了。同齡或較年輕的朋友大多還在工作，退休後交到的朋友都超過六十歲，平均年齡是七十多歲。

這時候，我打從心底覺得自己在五十歲的時候就打開了禁忌的寶箱，在裡面窺見了「人生百歲時代」的到來。一想到這樣的生活可能還要持續五十年，我簡直快要瘋掉。

對公司戀戀不捨的退休者

這樣的經驗也不是沒有好處。**至少，我能夠提早嘗試退休生活，進行退休後的模擬體驗。**我因此發現一件事情——不少退休者都還對公司戀戀

1 這樣的退休生活，好恐怖！

不捨。

大家聽過《退而不休》這本書嗎？這是日本作家內館牧子的小說，描述在大銀行平步青雲的主角，後來被調到子公司，就這樣在子公司待到退休，最後卻陷入迷惘的故事。主角想要工作，不管什麼工作都好，就此不斷掙扎。這部描述退休生活的暢銷小說，勾勒出將來每個人都無法避免的共同課題，掀起了社會上的熱議，甚至還被翻拍成電影。

退休之後還對公司戀戀不捨的人，實際上非常多。在《退而不休》當中，他們被視為「得不到解脫的人」。

他們的特徵是話題三句不離原本的公司。譬如我在平日白天去健身房，只會遇到高齡人士，在那裡認識的人當中，就有很多是得不到解脫的上班族。他們大多放不下上班族時代的往事，從早到晚都在聊以前的公司，彼此也都用前公司的名稱與頭銜互相稱呼，譬如「某某公司的前任董事」。

其中有個人，早上一到健身房就會先泡澡。正常情況下，一般人都會先運動流汗才洗澡，於是我對這樣的行為好奇不已，便詢問原因。結果他回答：「這個時間，以前的同事都正搭著搖搖晃晃的擁擠電車上班去，我故意還在他們被公司吞噬的時間泡澡，這是我對公司的復仇，因為公司沒有把我升上董事。這就是我活著的意義。」我覺得這個人沒救了。

有魅力的人當然也很多。這些人要不是現在仍有工作，就是升到公司主管階級，或是把自己的公司交棒給家人，心甘情願地退休。他們大多是經營者或自營業者。**其共通點是，自己的進退取決於本身的意願。**

假設六十歲退休，距離活到一百歲還有四十年，剛好和二十歲出社會的人工作到退休的時間相同。這麼長一段時間，如果從早到晚都泡在健身房、打高爾夫球、遊手好閒度日，那就太可惜了。不僅無聊，而且相當花錢。

一旦從上班族變成得不到解脫的殭屍，這樣的情況更加悲慘。必須懷著對前公司的恨意與壯志未酬的遺憾，繼續生活超過四十年，這樣的生活我敬謝不敏。

若想得到解脫，最重要的就是得把工作做到不留遺憾，辭職也必須出於自己意願。如果還有留戀，就必須繼續工作。

人生百歲的時代，五十歲還只是出社會後的折返點。然而對上班族而言，到了這把年紀確實已經很難有所改變，所以必須挑戰上班以外的事物。

為此，應該從現在開始進行準備。

送給「已經受夠工作」的大人們

「我已經做得夠久了，不想再繼續工作下去。」

我想也有人抱持這樣的意見。但各位想必都已經知道，不工作的生活方式極為奢侈，只有極少數人才能擁有。

而且更重要的是，工作也沒什麼不好，世界上有很多愉快的工作。

還在當上班族的時候，或許確實有很多需要忍耐的地方。擁擠的電車、死板的服裝、討厭的上司，很多事情都讓人想逃離。我也能理解在長期工作後渴望解放的心情，因為我自己也曾是這樣。

但另一方面，我希望各位知道，這個世界上也有很多工作不需要忍耐這些事，我自己在不當上班族之後才發現這點。辭去工作、做了許多嘗試，才知道世界上也有不需要忍耐的工作。

無論如何，沒有事情比工作更愉快。打高爾夫球、旅行、喝酒喝到爽等，我全都嘗試過，但少了工作，這些娛樂也失去滋味。

我曾想過這些娛樂到底少了什麼，結論是缺乏「對他人有所貢獻的感受」，所以也不會得到別人的感謝。人類天生就有貢獻欲，如果無法滿足這樣的欲望，就會坐立難安。**只有帶來貢獻、得到感謝，才能獲得燃燒人生的回饋，覺得自己活得腳踏實地。**擁有這樣的感受，才能讓人確實體會到成長。

為了獲得「有所貢獻」以及「成長」的感受，工作是最簡單、最扎實的方法。所以，最好盡可能持續工作下去。

當然，離開現在的公司不是壞事，倒不如說每個人都會有這麼一天。問題在於，離開公司之後，能不能再繼續從事其他工作。

既然都要換工作了，不如就別再找新的老闆，自己當自己的老闆吧。是時候探索真正想做、能夠隨心所欲去做的事。如果還能為他人帶來貢獻，那就再好不過。

這樣的理想，若在人生上半場無法實現，那麼下半場更該找到實踐方式。**就算最後發現自己走錯了路，至少也能避免成為年輕人的絆腳石。**

只不過，找到這樣的工作絕非易事，把這樣的工作變成自己的事業也不容易。所以我建議愈早開始愈好，最好趁著現在還在上班時就著手準備。

〈重點整理〉

- 現在是長壽的時代，每個人在退休之後，都必須繼續工作。
- 退休之後，需要「自力更生」的能力。
- 最好盡早培養自力更生的能力，如果條件允許，應趁著還在上班時就開始練習。

2

成功開創小事業！大人的周末創業

【同學會續攤的一幕2】

朋友 我很清楚自己的退休計畫有多天真了。你能不能建議我該怎麼做？

我 這個嘛，最好的方法應該是創業吧。

朋友 喂喂，事到如今才說要創業，做得到嗎？我又不是你，我可是近三十年來只當過上班族啊！

我 雖然說是創業，但規模小小的就可以了。說起來，比較接近接案呢。

朋友 譬如呢？該做什麼事情才好？

我 這個嘛……譬如活用以前的工作、興趣或經驗，像是寫作、擔任講師、企業或個人顧問等等，大概就是這些工作。

朋友 的確，從這些工作開始著手，就不需要花大錢，也可以按照自己的步調進行，至少風險不會太高。不過我不知道該怎麼做，也沒有自信。

我 沒有人一開始就有自信的。

朋友 那麼該去哪裡學呢？你要教我嗎？

我　我當然可以給你提示。

朋友　只有提示？

我　是啊，畢竟每個人想做的事情、能做的事情都不一樣。我也不知道你「想做什麼」「能做什麼」，只能靠你自己摸索了。

朋友　這麼說也沒錯。

我　再說，創業不是考試，也不像公司的例行事項那樣，有手冊可以參考。

朋友　說的也是，創業如同工作，就像是一再重複「假設與驗證」的過程。

我　只要掌握基本原則，就能透過嘗試，摸索出自己的正確答案。我想，我們已經從出社會至今的生活當中，充分培養出這樣的能力。

朋友　但是這麼一來，從創業初期到能夠賺錢的階段，需要花不少時間吧？

我　是啊，大概要好幾年吧。所以更應該從此刻開始準備。現在還在上班，能夠領到薪水，所以可以進行各種嘗試，風險也比較低。

朋友　原來如此！

從小型事業開始著手吧

以上再一次介紹了我與朋友的對話。就如同我給朋友的建議，身處於人生百歲時代的我們，都必須盡快找到退休後自力更生的方法，事先培養不靠組織就能賺錢的能力。畢竟誰都不可能永遠待在目前的公司。

若想培養出這樣的能力，我建議創立自己的事業。實際嘗試、摸索，就是最好的訓練方法。

我說這種話雖然有點怪，但不管讀再多創業書籍，參加再多創業講座，追蹤再多創業家的粉絲專頁，都無法習得真正的賺錢能力。唯有不仰賴公司的頭銜，試著靠自己的雙手賺取收入，才能形成實力。就算賺得少也無所謂，當你能夠做到這點時，**才獲得了真正可以運用的自力更生能力。**

當然，靠自己的力量賺錢，不需要從一般認知中的「創業」開始起步，獨自展開小規模事業[3]便已足夠。如果「創業」這兩個字讓你覺得有壓力，**換成「自僱者」或「自由工作者」應該比較容易想像。**

我現在雖然經營「股份有限公司」，但員工只有我一個人，實際上就和自僱者沒什麼兩樣，差別只在於必須申請登記成為法人。身為大人，你所需要的正是小型事業。

各位聽到這裡，或許還是一頭霧水。接下來就介紹幾個實際展開行動後，大獲成功的案例吧。

◉從不動產公司的業務成為「不動產顧問」

第一個案例是擔任「不動產顧問」的H先生（五十二歲），他從與本業相同的領域開始「大人的周末創業」。H先生任職於大型不動產公司，同時也是活躍的不動產顧問，專門指導上班族進行不動產投資。

H先生是不動產業務，在業界已經待了很久。他撐過了經濟泡沫化與

3 編按：小規模事業定義為規模狹小、交易零星，每月銷售額未達使用統一發票標準（二十萬元）的營利事業。

金融危機等大風大浪，在動盪的不動產業界存活下來，因此在這方面擁有高度專業性。

他之所以開始周末創業，是因為投入不動產投資的「收租上班族」愈來愈多。這些上班族大多缺乏不動產的知識與經驗，被專業炒房客敲詐而失敗的人不在少數，其中甚至有人就此一蹶不振。

自己喜愛的不動產卻造成他人的不幸，這樣的現況讓H先生看不下去，開始想要改善狀況。不過，現在任職的公司雖然屬於不動產領域，主要卻從事將大樓或大廈賣給法人的工作，協助上班族並不在工作範圍內。於是，他透過周末創業展開不動產顧問的服務。

H先生活用二十多年來培養的知識、經驗與人脈，最後大獲成功。他不只擔任投資講師與顧問，還針對個人提供投資用不動產仲介、融資規畫、標的物管理等細緻服務，這些都是公司業務無法做到的。對不動產幾乎一竅不通的上班族當中，也開始有人因為他的指導而買下優良標的，獲得了高額收入。

H先生**現在已經成為「把普通上班族打造成億萬富翁」的知名人士**，

副業收入甚至大幅超過本業。

他的成功，正是活用本業經驗，以專家之姿開創事業的「大人的周末創業」典範。

就像H先生一樣，**在本業中觀察到問題，卻受限於公司業務而無法實際解決問題的人，都可以透過周末創業的形式獲得成功。**

發掘問題，就是創業題材的寶庫。而最能夠敏銳察覺問題的契機，就是本業的活動。置身於同業的環境當中，也較容易獲得資訊。只不過，創業既花時間，也無法確定能否順利運作，所以才需要活用「不辭職」的優勢。從周末開始著手創業，等到發展出足夠大的規模，再考慮辭職，這是比較務實的做法。

◉活用到府銷售經驗，成為「收納顧問」

「大人的周末創業」絕非大叔的專利，也有女性創業成功的案例，譬如成為收納顧問的M女士。她的事業除了居家裝飾與收納之外，也同步協助顧客進行全方位的整體規畫，包括生活型態乃至思考方式。

M女士原本任職大型百貨公司的居家裝飾部門，從事到府銷售的工作。除了拜訪顧客住家，提供居家裝飾的諮詢之外，還會給予收納及整理的建議。既然顧客買下了家具，她也希望顧客能夠一直在乾淨整齊的環境中妥善使用。

長年的經驗告訴她，進行規畫時，必須從顧客的思考方式開始整理。

某天，M女士得知了美國有一種名為「生活規畫師」的工作。工作內容除了居家裝飾與收納之外，還會提供顧客關於生活型態及思考方式的整體規畫與協助。

當她發現這種工作的存在時，**覺得「這完全就是為我量身打造的工作」**，於是立刻向公司請假，赴美學習「生活規畫師」的技術，並為了以此為業而展開行動。

剛開始創業時，她並沒有辭去公司的工作。就在她的事業即將步上軌道時，公司剛好推動提早退休制度，於是她利用了這項制度離開公司。後來，她不僅成為活躍的生活規畫師，還在日本成立技術推廣協會，致力於培養後進、提供認證等活動。

◉活用健身興趣，成為「個人教練」

到此為止介紹的「大人的周末創業」，都是從與本業工作相同的業種開始著手。在思考日後的創業主題時，先從目前的工作中尋找，比較容易掌握切入點，成功的機率也較高。

但或許也有人認為「既然有這樣的機會，我想把興趣當成創業主題」。的確，身為大人，各位或許都有一些興趣吧。**活了這麼長的人生，想必有些人的業餘興趣已經不輸專業級**。所以，當然也有靠著興趣或經驗創業，最後獲得成功的案例。

譬如把健身當成興趣的E先生（四十五歲），就活用這樣的經驗，開啟了擔任個人教練的周末創業。

他原本是製造業大廠的技術人員，卻也接受過健身的正規訓練，甚至還利用私人時間參加健美比賽。他擁有豐富的健身資歷，學生時代曾是一名棒球選手，據說從當時就已經開始鍛鍊。他希望能把健身當成工作，而他所找到的創業題材，就是當時還很少見的「個人教練」。

工作內容是對有意健身的人，進行一對一的肌力訓練指導。E先生從**這個工作中，得到在公司未曾有過的滿足感與充實感，覺得這就是「自己的天職」**。為了有一天能夠成為專業個人教練，他開始邊上班邊去健身房兼職，藉此獲得必要的知識與經驗。他從中得到成就感，最後健身教練的收入幾乎達到與本業相同的水準，於是風光地從公司辭職。

由此可知，以興趣領域的專家身分展開周末創業，最後也能獲得成功。

◉活用減重成功經驗，成為「減重教練」

也有人活用自己的成功經驗，成為該領域的專家。譬如「減重教練」K先生（五十五歲）。他透過自己奠定基礎、逐一實踐、取得成果的方法，為想要減重的人進行減重指導，以減重教練的身分展開周末創業。

他原本在非營利組織擔任系統工程師，在公司的健檢中被診斷為代謝症候群。他大受打擊，為了瘦下來，挑戰了各式各樣的減重法，但是全部都失敗了。

於是，他設計了自己的方法，經過半年的嘗試摸索，竟然成功減掉十四公斤。想要一探究竟的人蜂擁而至，於是他展開了指導瘦身的周末創業。

他將方法整理成書籍出版，不僅成為暢銷書，連電視台也找上門來。由於副業逐漸步上軌道，於是他下定決心，辭去公司的工作，**現在也著手展開培訓減重教練的事業。**

賺不了多少錢也沒關係

以上為各位介紹了幾位「大人的周末創業」實踐者，每一位都是相當成功的案例。然而以創業案例來看，或許會給人小家子氣的印象。

其實我故意都挑小規模的案例介紹。因為我認為，以小型事業為目標，才是「大人的周末創業」的理想型態。這種程度的創業，人人都做得到。**熟年世代的創業規模小也無所謂，賺不了多少錢也沒關係。**因為退休之後，至少可以領到政府年金。年金足以支撐一定程度的生活，而年金不足的部分，再靠工作收入補足即可。

日本財經顧問大江英樹在著作《退休前》中提到，「夫妻兩人的家庭，在退休之後只要每月賺八萬日圓就夠了」。日本總務省二〇一七年的「家計調查報告」指出，無業的高齡夫妻家庭，平均月收入是二十一萬日圓，收入來源是年金，至於支出則是二十六萬日圓。

換句話說，光靠年金生活，將造成五萬日圓的赤字。如果再把旅行等娛樂考慮進去，月收入除了原本的五萬日圓之外，只要再增加兩萬日圓左右，就能過著一定程度的小康生活，這就是大江英樹的主張。[4]

家庭收入以年金為基礎，不足的部分再靠自己賺的錢補足——這麼一來，年收入只要有一百萬日圓左右就夠了。退休之後如果完全沒有工作，就必須從退休金與自己的存款當中，領出這一百萬日圓。[5]

如果這段期間是六十歲到九十歲之間的三十年，那麼總共就需要三千萬日圓，這是壽險公司的計算依據。[6]但如果這些錢可以靠工作的收入填補，那麼在六十歲時，不需要存這麼多錢也能生活。**一個人大約四萬日圓，所以夫妻合計八萬日圓。兩個人只要賺到這些就夠了。**

只不過，大江英樹的試算結果，是以現在的年金給付為依據。前面提過，五十歲左右的世代，開始請領年金的時期可能會延遲。此外，也必須一併考慮金額縮水與通貨膨脹等問題。

話雖如此，年金不太可能歸零，自己也應該有一定程度的儲蓄。考慮到這些因素，每個月賺十六萬日圓左右，年收入約兩百萬日圓左右就夠了，賺到這些錢並非痴心妄想。

實際上，收入落在這個水準的人要多少有多少。即使金額不高，也能夠確保安穩的退休後生活。

---

4 編按：根據主計處統計，台灣平均每人月消費支出約二萬元，而台北市約為三萬元。

5 編按：如以月消費支出三萬元計，則年收入須至少三十六萬元。

6 編按：一年三十六萬元，三十年需一〇八〇萬元。

別砸錢創業

靠自己的力量，每年賺兩百萬日圓左右即可。說起來雖然簡單，但如果沒有自力更生的經驗，還是有點困難。有這種想法的人，應該盡快開始自己的事業，體驗直接從顧客手上收到錢的滿足感。

或許也有人擔心「創業需要花錢」。的確，租辦公室需要保證金，僱用員工需要發薪水，存款一下子就會見底。除了得持續支付費用，還得確保自己分到的利潤，實在相當困難。一開始只能不斷地消耗存款，但這樣的行為很危險。

所以，必須盡可能從事不花大錢的事業，這麼一來，能做的事情或許很有限。即使如此，還是必須將花費過高的事業刻意剔除於選項之外，並且就如開頭所說的，最好活用自己的專業，進行演講、寫作、提供諮詢。

中高齡人士不容許失敗，因為沒有太多時間能夠東山再起，必須避開需要花錢的事情，所以一開始就沒有閒錢可供揮霍。當然，身無分文卻去貸款，這樣的行為更是不可取。一個不小心，可能在還清債務之前，就已經無法繼續工作了。

理想情況是在能力容許的範圍內，獨自一人從事工作。不要借錢，也不要妄想擴大規模。這麼一來，只需要承擔微小的風險即可。

實際行動就會知道，只要掌握訣竅，讓顧客掏出錢來並沒有那麼難。在公司上班，遠比這要難多了，我這麼說可不誇張。必須在嚴格的選拔中勝出，才能獲得公司錄取，進了公司之後還必須與優秀的對手競爭、聽從上司指示、做出一定的成績。雖然權力會隨著年齡增長而擴大，但責任也會跟著增加。上班族必須在嚴格的競爭當中，正確理解自己在組織中的角色，並且實際執行。幾十年來都能做好這些事情的人，不可能不優秀。

這麼說或許有些爭議，但能夠成為上班族的人，學生時代的成績應該都很優秀。不優秀的人都能靠一己之力賺錢了，優秀的人不可能做不到。賺點小錢而已，其實很簡單。

我最推薦的方法是活用至今為止的知識與經驗，成為顧問或商業教練。

各位可以試著運用長久以來的工作知識、經驗、證照等，從撰稿、演講、為煩惱的人提供諮詢等方式開始著手。

當然，也可以在興趣相關的領域、自己關心的領域創業。總之，只要在自己消息靈通的領域稍微下點工夫，取得收入就不是那麼難的事情。

創業好處多多

接下來將列舉自行創業的好處，我想這些都是各位夢寐以求的事物，同時也能克服前面所提到的，退休後繼續當上班族可能會遇到的問題。

◉培養自力更生的能力

沒有嘗試過的人，會覺得創業是項革命性的行為。就算在公司上班，能賺錢的人就是一直都能賺錢，但前提是必須仰賴可靠的公司品牌或商品。

一旦創業，一切都得自己來。製作商品、跑業務、實際出貨收款……甚至連報稅都得自行處理。

當然，只要習慣之後，這些事情誰都做得來，證據就在於世界上有許多人都從事著這樣的工作。

但我認為還是趁早開始學習比較好。年紀愈大，就愈懶得挑戰新事物，理解力變差，也愈來愈無法勉強自己，需要花更多時間才能取得成果。

◉能夠確保成就感與歸屬感

延長僱用的制度下，薪水將會變少，一般來說會減少到正職期間的一半或三分之一左右。此外，過去的下屬成為自己的上司，更是家常便飯，彼此的權力與責任都變得模糊不清。延長僱用的員工，經常為此覺得在公司中失去自己的容身之處，而這會造成嚴重的問題——得不到成就感。實際上，如何維持員工的成就感，逐漸成為企業的一大課題。

無論是管理職年限還是退休後的延長僱用，對員工而言都固然是值得感激的政策。然而另一方面，從企業的角度看，這都是因為法律規定而不得不引進的制度。**換句話說，企業不一定歡迎這樣的員工**。

當然也有企業試圖有效活用資深員工的戰力，但這些企業目前還只是少數。受僱者就像被企業收容，當然會覺得臉上無光，最後經常得忍受不上不下的處境。

要是被公司視為燙手山芋、被年輕員工抱怨搶了他們的薪水，留在公司想必也是如坐針氈。在業務指示模糊不清的情況下，默默地待在公司，忍受周遭冰冷的視線，等待年金給付的年齡到來，這無非是精神上的煎熬。

就這點來看，自己出來創業就快樂多了。畢竟，不開心的事情可以選擇不要做。

◉ 退休時間可以自己決定

「延長僱用」的制度雖然值得感恩，但其目的並不是延後退休的時間。

此制度旨在要求企業在員工六十歲退休之後，立刻以非正規員工的形式重新僱用，簽訂以一年為期的契約。

企業確實有僱用到六十五歲的義務，但聘僱條件可自由設定，到了每年重新簽約的時期，該條件就有可能被拿出來重新檢討。

如果表現變差，或是工作態度不佳，公司當然有可能提出讓人難以接受的僱用條件，強迫你走人。這種情況下，請假變得更難，一旦辭職，也無法再回到職場。

只要創業，就能自己決定自己的進退，以及退休的時機。不僅能拚命工作，如果累了，也能自行離職，還可以選擇暫時休息。獨立創業，就能擁有無限自由。

創業一定會碰到的煩惱

當然，創業也會帶來煩惱。譬如以下：

◉找不到創業題材

剛開始創業時，或許無法立刻明白要做什麼。但是請放心，大家一開始都沒有概念。事實上，許多**有意創業卻遲遲無法開始的人，最主要的理由就是「沒有想法」**。

然而，誰都無法告訴你這個問題的答案，只能自己發掘。方法當然有，只是需要時間。

◉不確定能否成功

起步階段，當然不會知道創業能否成功。看看天才創業家或優秀經營者就知道，即便是頂尖人士，也絕非百發百中。我接受過眾多諮詢，也經常被問到「會不會成功呢?」但老實說，如果不去嘗試，終究無從得知。

創業必定有風險。其實公司的事業也一樣，只不過即使失敗，損失的是公司，但創業的風險，完全由自己承擔。

◉不知道該怎麼做

拿起本書的讀者，大多是中堅上班族，應該沒有過創業經驗，或許甚至連參與企業草創階段、從顧客手上收取現金的經驗都沒有。此外，各位和年輕人不同，已經逐漸失去接納一切的率真、理解力及靈活變通的能力。就算閱讀創業書籍，或許也看得一頭霧水，無法確實吸收內容。這些問題我很清楚，因為我也是如此。

許多人一旦創業，都必須面對這些煩惱。那麼，該怎麼解決呢？

創業不必辭職

想要解決創業伴隨的煩惱，總之先開始行動就對了。創業路上，總是會碰到不實際動手就不會知道的事情。而且讓事業步上軌道需要時間，當然也可能失敗，所以最好盡量讓自己待在安全位置，同時反覆實驗。

具體做法就是邊上班，邊摸索自己的事業，換句話說就是周末創業。準備確實很花時間，就算是普通的創業，從下定決心到開始賺錢，也需要二到三年，這段期間完全不會產生收入。

所以只能從辭職之前就進行準備、展開行動。最好撐到事業步上軌道為止。這就是我從二十年前開始推廣的創業型態——「周末創業」。

「周末創業」的好處

這裡再複習一次周末創業的好處。首先，周末創業的大前提就是不必辭職，可以確保本業的薪水，於是便帶來了以下好處：

◉不會危及生活

在公司上班就能**確保收入，所以不會對生活造成威脅。創業順利的話，還能得到副業收入**。有了副業收入，就算被裁員或公司破產也不必驚慌。如果公司提出刁難的條件，也不需要向公司陪笑，可以丟辭呈走人。就算不到這個地步，至少也能確保足以支撐家用的收入來源，光是這點，就能讓心靈獲得莫大的喘息空間。

◉立刻就能開始

辭職創業需要相當大的覺悟，光是說服身邊的人就很辛苦。尤其一旦向另一半開口，搞不好還會被提離婚。但是，如果不辭職就先展開行動，起步階段就會像興趣一樣，現在就能即刻著手，不需要獲得任何人的許可。

當然，實際展開動作，或許還是需要得到公司與家人的理解。但是等開始之後再說明也來得及。如果做出成績，要說服也比較容易。

◉時間充裕

既然創業時還待在公司，保有公司的薪水，就有時間可以慢慢來。就算是一般創業，也得花好幾年才能步上軌道，這段期間不會有收入，事業資金將逐漸枯竭，更重要的是生活也將愈來愈難維持。因此，放棄創業夢想，回去當上班族的創業家不計其數。但如果可以邊創業邊領薪水，就不用擔心錢的問題，也更能放膽挑戰。

除此之外，不辭職就開始創業，還能享受許多好處，譬如「已經事先做好準備，所以一辭職就能上軌道」「可以消除目前工作所累積的壓力」等。這就是我一直以來提倡的、創業不必辭職的周末創業。

「副業解禁」成為助力

我開始推廣周末創業是在二十年前，之後的環境當然有所改變。幸好，這些改變多半是助力。

譬如，日本社會的風向逐漸轉為「不禁止從事副業」。副業從原本的「以禁止為原則」，逐漸變成「以容許為原則」。

過去日本政府制訂的「就業規則範本」中，設置了這樣一條遵守事項：「非經許可，不得從事其他公司之業務。」上班族的副業與兼職，一直以來都受這條規則阻擋。

然而政府的政策，逐漸切換到允許從事副業與兼職的方向，這也是「勞動方式改革」的一環。就連「就業規則範本」，也設置了「工作時間外，可從事其他公司之業務」的條文。

條文的細則中，只有「影響勞務提供之情況」「洩漏企業祕密之情況」「發生損及公司名譽及信用的行為，或破壞信賴關係的行為之情況」以及「損害合作企業利益之情況」，才不允許從事副業或兼職。換句話說，幾乎所有的副業與兼職都得到許可。

政府試圖透過允許多樣化的勞動方式，彌補人力資源的不足，促進能力、人才的開發，並活化經濟。就連過去禁止有副業的公務員，也都允許從事公益性的活動。**現在正是副業、兼職盛行的時代。**

當然，這終究只是日本政府的政策。身為勞工，最糟的情況是因而覺得「非找個副業不可」，便開始從事便利商店或居酒屋店員、大樓清潔人員之類以時計薪的工作，說白一點就是打零工。就算從事這些工作，也只不過讓自己的勞動環境變差，更不用說中年人的身體根本吃不消。

我們應該活用過去的資歷與經驗，從事高附加價值的工作，獲取高時薪的報酬。

確保生活無虞，再辭職

上一章提到，我在三十四歲時辭職成為顧問。平凡又膽小的我，之所以能夠離開公司，也是因為最初從周末創業開始做起，沒有一下子就從公司辭職。

沒能一下子辭去工作，是因為缺乏勇氣。我比別人還膽小，而且當時已經結婚，家裡有稚齡幼子和襁褓中的嬰兒。考慮到他們的生活，即使人生前景堪慮，也做不出離開公司這種事情。再說，太太也不會允許。

但是，就如前面說過的，我有個優點，那就是對自己的缺點有所自覺。我比別人早一步行動，也不忘讓自己置身於安全位置。我從還在公司的時候，就開始拉客戶了。

但就算實際拉到客戶，也很難毅然決然辭去工作，這樣的生活持續了兩年以上。回過神來，副業的收入已經超過了本業的薪水。

理解大人的局限

「大人有大人的局限」——考慮到這些狀況，更應該向四、五十歲左右的世代，推廣不同於一般周末創業的「大人的周末創業」。那麼，大人的局限到底是什麼呢？首先跟各位坦白大人與年輕人的不同之處：

◉與年輕人相比，缺乏體力、衝勁與應變能力

這點應該無需贅言。過了四十歲左右，身體與大腦都漸漸變得不耐操，疲勞也愈來愈難消除，更明顯的是精力與耐力逐漸衰退，這點各位應該都有所自覺。

◉對失敗的容忍度比年輕人更低

人生剩下的時光比年輕人更短，一旦失敗就很難東山再起。周遭看待大人失敗的眼光，也遠比看待年輕人的更嚴厲。大人經常被批評「都老大不小了……」。

◉天生不適合創業

如果適合創業，應該早就開始展開行動了。簡言之，如果至今都還沒開始，就代表比起當創業家，更適合當上班族。但這絕非壞事，單純只是天生適合做哪件事的問題。

活用大人的優勢

當然，大人不是只有缺點，也具有優勢。譬如下面所列：

◉豐富的職場經驗

就算跌跌撞撞，也一路努力工作至今，而且還是以組織成員的身分。這段期間累積了職場歷練，也累積了經驗，在各自領域中也培養了專業性，具備判斷力、決斷力等技能。而在輔佐上司、率領下屬的工作當中，也磨練出高度的人際手腕與溝通能力。

◉擁有一定程度的財務自由

年輕時口袋空空，也不曉得接下來的生活還需要多少花費。孩子的撫養費與教育費、購屋的資金等都是不小的開銷。反之，大人的收入不僅增加，支出也應比年輕時減輕了一點，再加上有存款，也能領用退休金。年金雖然減少，但也仍是一筆收入。

◉可活用於工作的人脈

各位或許沒有發現，人脈就是你的資產，也是你花時間建立起來的財富。在工作上幫過你的人或你幫過的人應該不計其數，這些人在開創事業時就能成為助力。我非常建議各位在進行周末創業時活用過去職涯的成果，而本業所培養的人脈就是一座寶山。

◉具有權威感

大人看起來比年輕人更具威嚴。事業講求信賴，非常重視外表呈現的氣質。具備讓人信賴的氣質，比你想的更重要。這點就讓年輕創業家吃盡苦頭，尤其對於想獨立從事顧問相關工作的人來說，更是辛苦。

我也曾因為年輕而吃過虧。同齡的顧問當中，甚至還有人故意將頭髮染白。

由此可知，大人有其「優勢」也有「局限」。在開啟大人的周末創業之前，必須先對此保有客觀理解。

開創事業不是忍耐大賽，也不像考試那樣，必須逐一克服自己的不足。以能夠活用優勢的方法進行挑戰，才是創業的重點，至於不擅長的部分，只要避開即可。只顧著惋惜自身的匱乏之處，就無法展開事業，所以必須採取聰明的做法。這就是大人與年輕人的差別。

尤其大人不僅剩下的時間有限，體力、精力也已經衰退，因此能夠工作的時間也少，與其現在才考慮掌握新的事物，不如想想如何將目前手邊已有的資源活用到極致。

獻給大人的周末創業建議

基於這些優勢與缺點，我鼓勵各位展開「大人的周末創業」。以下有一部分是專門提供給大人的建議，與一般周末創業的建議不同，敬請留意。

建議① 從本業發掘創業題材

「大人的周末創業」原則上會活用過去在工作中得到的經驗，藉此發掘事業題材。**但如果是「一般的周末創業」，選擇與本業相同的領域反而是禁忌**，年輕人創業時，建議避開與本業相同的主題。

因為周末創業的工作如果與本業領域相同，就會被公司盯上。而且周末的工作與平日類似，也很難消除壓力。

但長年以來一直都是上班族的大人們，已經在工作中奠定了專業領域，相信能夠大發豪語：「說到這個，我絕對不會輸！」「關於這點，我有自信。」不好好活用就太可惜了。

提及創業，就會聯想到「開始新的事物」，**因此往往會忽略「自己的專業領域」這項資產**，但事實上「活用本業」才是最扎實的方法。根據長年協助周末創業的經驗，我可以斷言，從本業領域入門的案例，成功機率較高，獲得成功的速度也較快，因為基礎已經打好了。

即便現在的工作無法直接成為創業題材，公司中也存在著其他題材的可能性。不妨調職到能夠從事該項工作的部門，或是自己依此開創新事業。

如果做得到，就能一邊領公司的薪水，使用公司資源，同時挑戰創業。順利的話，說不定還能自行獨立創業。就算做不到，別人也搶不走你培養的能力與人脈，可以從運用這些資源開始入門。

無論如何，上班族的身分就是寶貴的「既得利益」。長年為公司鞠躬盡瘁，如今當然要活用公司的資源。我們不應該輕易放棄自身的權利，而是應該物盡其用。我想，這也是嘗盡甘苦的大人所擁有的智慧。

建議② 把興趣當成事業

當然，就算是大人，也可以在宗全不同於本業的領域創業。興趣也能當成創業題材。

雖說是興趣，但身為大人，可能為此耗費了一定程度的歲月。其中有些人的知識與技術，就連專家也甘拜下風。實際上，確實有人因為操縱遙控飛機的技術達到專業等級，最後辭去工作，成為專業的空拍機操控者。

除此之外，也有人活用與本業完全無關的證照。**譬如在金融機構工作的人，考取了紅酒相關證照，並活用證照舉辦品酒會，當成事業經營。**

如果你也有類似這樣的興趣、專長、證照，不發揮在「大人的周末創業」就太可惜了，請務必考慮將其當成創業題材。

建議③ 不要奢望大幅度的成長

事業的目標就是成長，周末創業也不例外。但是成長需要投資，而投資就會伴隨著風險。

大人必須極力避開風險，因為一旦受創就很難恢復元氣。換句話說，就是必須放棄大幅度的成長。當然，任何事情都有風險，但我們可以將風險控制在自己容許的範圍內。假使大膽投資，將面臨難以承受的失敗。此外，**順利成長其實也會帶來不少麻煩**，因為責任會變重。如果規模進展到必須僱用員工、租辦公室，都會成為固定成本。

管理的事業愈龐大，撤退也就愈困難。即使有幸得以持續成長，接下來也很快就會遇到接班的問題。超過一定年齡的經營者，最大的煩惱就是接班人。實際上，為此傷透腦筋的經營者也大有人在。

相對來說，經營者就算年屆高齡，也能繼續工作下去。有些人或許會很羨慕他們沒有退休年限的問題，但其實有一部分的人卻是迫於現實而不得不如此。

較晚開創事業的大人，也會較快面臨這個問題。沒有必要現在就開始自尋煩惱，只要控制在一人事業的程度，退休時也只要自己退下來就可以了。

建議④ 不要和年輕人競爭

一般情況下，周末創業必須長期面對時間不足的問題，難免必須強迫自己努力。畢竟在缺乏時間與金錢的情況下，只能靠體力與精力來彌補。

然而，大人的體力與精力已經逐漸衰退，恢復精力所需的時間也愈來愈長，最好縮短工作時間，千萬不可過度勉強自己。

大人的理解力也日漸下滑，往往得放棄最新的商業技巧，基於這項理由，最好避開必須與年輕人競爭的事業領域。在創業的世界中，科技發展日新月異，尤其網路副業的世界更是如此。昨日的熱門新星，很快就成了明日黃花。我們這些至今連手機都還不太會用的大人，根本不可能追上。

去了創業講座就會知道，許多號稱講師的人，看起來都跟自己的下屬，甚至兒女差不多年紀，前去聽講的也都是年輕人。願意放下身段，混在這些人裡面上課當然很好，但實際上應該非常困難。

大人的吸收力比年輕人差，很容易變成班上的吊車尾。對於一直以來頂著好學生光環、進入職場後也擁有一定地位的人而言，遇到這樣的窘境，想必會更加提不起勁。

此外，網路世界也存在著「靠體力決勝負」的面向，譬如「二十四小時即時回覆」或是「重量不重質」等風氣。大人的體力絕對比不上年輕人，所以一開始就放棄爭取相關領域，會是比較聰明的做法。

以上是特別提供給「大人的周末創業」的建議。這裡所提出的建議，當然只是一般情況下的大方向。認為自己「與眾不同」的人，也可以貫徹屬於自己的理念。

周末創業要以專家為目標

遵循以上指示，一一應對「大人的周末創業」的常見狀況，創業的題材必然就能逐漸確定下來。簡單來說，周末創業即是活用長久以來的經驗，以成為專家為目標，譬如接受法人諮詢、幫法人解決問題的顧問或教練等。

專家是最適合活用前面列出的大人優勢、彌補大人局限的職業。既能有效活用本業，也能把風險壓到最低。此外，面對年輕世代時也能占上風。

當然，如果很確定自己想做什麼，就去做自己想做的事情；如果自認為精力與體力不輸年輕人，或是已具備網路相關知識，就請活用這些能力。這樣的情況下，不妨大膽選擇其他創業題材。

實際上，餐廳、軟體開發、不動產仲介、成立新創公司等各式各樣的領域，都能成為周末創業的題材。

給覺得「自己做不到」的人

周末創業不必辭職就能開始，所以不會有什麼損失。即便如此，還是有人覺得「我做不到！」他們口中「做不到」的理由如下：

◉沒有時間！

邊上班邊開始周末創業的人，平日白天都在公司，確實會遇到「時間不足」與「難以配合營業時間」的問題。

關於前者，其實上班族有空的時間非常多。譬如平日早晨與傍晚、上班前與下班後，以及假日。當然還是可能不夠用，但這種情況下，不妨果斷放棄「因時間不夠而做不到」的選項。

尤其高齡人士不太可能再往上升遷，也就沒有加班的必要，可以輕鬆推掉聚餐應酬等活動，睡眠時間也比年輕的時候短，可以更早起床，至少我是如此。如此一來，就能把時間空出來。

至於營業時間的問題，上班時間或許無法開會或是回覆諮詢，關於這點，只能想辦法解決。舉例來說，客戶如果有問題，只限透過電子郵件詢問；開會只限傍晚或周末，或是為了會議而請全天或半天的特休。

◉公司不允許！

雖然愈來愈多公司開放員工從事副業，但事實上也仍有許多公司不允許。先不說其他公司，要是自己的公司不行，那就萬事休矣。遇到這樣的狀況只能偷偷進行，小心別被發現。

這種情況下，**不妨試著取得公司的許可**。大人和年輕人不同，不僅在公司擁有人脈，身段想必也比較柔軟，或許有可能讓公司破例允許。雖然這麼說不太好，但公司對高齡人士可能也沒什麼期待，比較願意睜一隻眼閉一隻眼。

如果還是有困難，至少可以事先開始準備。就算是禁止副業的公司，也不會連員工退休後的準備都要插手，再說，公司也沒有這樣的權力。不妨把創業的內容，當成目前公司的其中一項業務，開始著手進行，這也是一種準備的方法。

舉例來說，可以透過公司內部的轉職管道，調到自己想在創業後嘗試的領域，或是為公司開創新的事業，**成為「社內創業家」**。

要是做得到這點，就能領公司的薪水，使用公司的資源，為創業進行準備。如果以此與公司談判，說不定還能直接自己出來做。

◉不敢跨出第一步！

剛開始做一件新的事情，總是讓人不安。回顧剛離開學校，成為上班族的時候，想必也曾焦慮不已。這回換成從工作幾十年的公司畢業，成為創業家，感到不安也是理所當然。

但是，你應該已經培養出創業所需的技能，畢竟公司就是讓你培養能力的「學校」，只不過程度遠高於高職或商學院，而是位居第一線，邊實踐、邊在真正的勝負中學習真本事的學校。

你已經在這樣的學校中學會如何工作。畢業的時刻即將來臨，接下來必須活用所學，靠自己的力量生活。從現在開始，要做好自力更生的準備。

前面提到的林達．葛瑞騰曾說過，過去常見的「教育↓就業↓退休」人生三階段，將會在未來瓦解，取而代之的是，**每個人都會在「教育↓上班族**

／**創業家」之間來來回回**，人生就是在流浪、了解自己、重新學習與轉職／創業這幾個過程中一再反覆行進。

然而，我們大人已經沒有多餘的時間、精力與金錢，可以重複流浪與轉職。所以至少要在剩餘的時間嘗試「真正想做的事情」或「擅長的事情」。這當然不容易。所以更該趁著此刻還在上班、還有公司的庇護時，先從事前準備開始做起。

〈重點整理〉

- 如果想在退休之後繼續過著幸福的生活，建議邊上班邊進行周末創業。
- 大人自有其優勢與局限。如果想要活用優勢、彌補局限，建議運用自己的資歷，以專家身分從事「大人的周末創業」。

3

「大人的周末創業」這樣做

準備篇：尋找題材

【同學會續攤的一幕3】

朋友 大人的周末創業，這讓我開始有點興奮了！

我 太好了！

朋友 不過，該怎麼做才好呢？

我 首先，不妨成為某方面的專家。

朋友 專家？我一直都是普通的上班族，沒有什麼專業技能啊。

我 你活了五十多歲，也工作了近三十年，一定有某些自己沒發現的技能。像是工作的經歷、擁有的證照、家族或老家的事業、磨練已久的興趣等等，這些一定都還沉睡在某處。

朋友 我想不出來啊。

我 大家一開始都這麼說啦。畢竟自己的優點反而不容易發現，可以先從盤點自己的經歷開始。

朋友 怎麼做？

我 這個嘛……

「大人的周末創業」七步驟

現在終於要開始說明如何展開「大人的周末創業」。接下來將依序進行解說。只要按照本書介紹的步驟，就能輕鬆開啟創業。

創業最重要的是「正面思考」與「行動力」。機會的大門已經在眼前敞開，這扇門將通往不受僱與不仰賴組織的生活，而願不願意穿過這扇門，是你的自由。

不過，都已經讀到這裡了，請相信自己的直覺，此刻調頭就走實在太可惜。拿起這本書的你，已經掌握了極大的機會，而活用這個機會只需要一件事物，**那就是你的決心。**

接著就來看看「大人的周末創業」的進行方式吧！我建議依照下列七個步驟進行：

【尋找題材】

步驟① 下定決心：製作自己的年表

步驟② 決定專業領域：盤點自己的人生

步驟③ 以專家自稱：給自己一個頭銜

・製作名片

・製作自己的簡歷

【尋找客戶】

步驟④ 傳播資訊：開始經營社群媒體

・交換名片

步驟⑤ 聚集人群

步驟⑥ 提供諮詢

步驟⑦ 簽約

只要參考這些步驟，就能知道自己的周末創業現在到了哪個階段，也更容易看清楚「現在為哪個階段而煩惱」「是不是該往下個步驟前進」，或者「終於來到這裡，就差一點點了」等。

如果沒有決定步驟，就很難知道現在所處的位置，如此一來，往往會缺乏效率、浪費時間。所以務必在建立事業之前，依循這些步驟前進。

前半段的步驟是先尋找題材。這是非常重要的作業，很多人因為找不到題材而就此脫隊。尋找題材是決定創業成功與否的重要因素。

不過，針對大人的周末創業，我會建議將題材鎖定在「專業」。理由眾多，譬如：

- **可以活用資歷**
- **不需要資本**
- **不需要體力**

・能夠保有成就感

當然，選擇「專業」作為創業題材，終究只是我的建議。實際上也有很多人在其他領域創業成功。所以如果有明確想做的事情，覺得「我早就決定好要做這個了」，或是「不做這個就沒有意義」，請忽略這項建議。

不過，礙於篇幅有限，接下來的解說，主要還是針對「想以成為某方面專家為目標，開始周末創業」的人。

那麼，就讓我依序詳細介紹前述的步驟吧！

步驟① ❶下定決心

開始周末創業時，第一件該做的事情就是下定決心。人生百歲的時代，任何人都得面臨自力更生的一天，所以愈早準備愈好。

然而，**只要緊急性不高，就算是重要的事情，人們也習慣拖延。**與眼前的問題相比，將來的危機比較不容易讓人有所反應。如果習慣拖延，最後可能就會來不及。為了避免這樣的狀況發生，首先應該下定決心。

◉ 步驟① ❷製作自己的年表

該怎麼做才能「下定決心」呢？**我推薦的方法是擬訂計畫，換句話說就是設計一條周末創業的成功之路。**如此一來，就能清楚知道「現在應該做什麼」。在擬訂計畫的過程中，決心也會變得愈來愈堅定。

擬訂計畫時，首先應該製作自己的年表，試著依照時間序列，把出生至今發生的事情寫出來。

有些讀者或許會感到疑惑，「計畫」明明是未來的事情，為什麼需要回顧過去呢？但回顧過去，就是為了思考未來。每個人在年輕的時候都充滿夢想，我們可以藉由回顧過去，喚醒這些已被遺忘的想法與心情，不少人都能從中發現未來的線索。

尤其在尋找自己打從心底真正想做的事情時，線索往往隱藏在被工作淹沒之前的童年或學生時期。只要挖出這些線索，就能找到想做的事。如此一來，即能讓自己再次下定決心。

人生的下半場，一定要做自己想做的事，才能長久持續。大多數的社會人士都會說「我沒什麼想做的事情」，但正因如此，才必須回顧過去。回顧過去就能找到以前想做的事、感興趣或關心的事、擅長的事。而「自己想做的事情」的輪廓，就能逐漸清晰。

接著，**步驟2**會請大家尋找自己的創業題材，這時候就需要「盤點」自己。在**步驟1**回顧自己的歷史，即為盤點的準備，所以請務必完成自己的年表。

那麼，請各位先填寫一二二～一二三頁的表格。先在表格中寫下自己從出生到現在發生的大事，譬如入學、畢業、就業、結婚、換工作等等，表格裡已經填入範例。

請分別從工作的事件（經歷）、個人的事件、家庭的事件這三個切入點填寫。

接著，請在右邊的備註欄寫下自己對各個事件的感想。如果能在表格的左端標明日期與年齡，依照時間序列寫下發生的事情，即能將表格製作得更詳細，只不過此處礙於版面限制，只好忍痛省略。

以下整理出製作年表時的注意事項，請各位參考。

1. 一定要實際寫出來

不能因為怕麻煩而只在腦中想一想，一定要實際動筆，花時間寫出來。書寫是有意義的，在書寫的過程中會產生想法，也會有所發現，更能藉由閱讀書寫的內容，俯瞰自己的人生。

此外，寫下的內容均可以保留。只要放在手邊，即能確保日後溫習，隨時補充，或許能產生新的發現。

2. 確保完整的時間

務必保留完整的時間。如果可以，請在不會被打擾的安靜場所填寫。這項工作屬於「重要但不緊急」的類型，所以就算想在零碎的時間進行，也很難產生進度，即便著手填寫，也很容易因為一點雜事就被打斷。

	備註（「回顧過去的感想」與「今後的打算」）
	・父母都在工作，所以提早上幼稚園 ・把做好的模型賣給朋友，挨了一頓罵 ・製作的存錢筒得獎了 ・沉迷於聖誕禮物遙控車
	・就算日以繼夜練習，也當不了正式球員，最後自暴自棄 ・有了擔任補習班講師的經驗後，愈來愈不害怕在人前說話了 ・為了打發時間，在朋友的邀請下開始玩遙控飛機，結果比想像中沉迷
	・開始對金錢展生興趣，覺得採取實力主義的證券公司薪水應該會很高，於是進入證券公司工作 ・和調到大阪後認識的女性交往 3 年多後結婚 ・回到總公司後，竟然被調到人事部，負責徵才工作。 ・在增稅前買房子
	・放不下業務工作，而且被高收入吸引，跳槽到無保障底薪的外資公司 ・自己也開始做點小額的股票買賣 ・投資的新創股票大崩盤，臉都綠了 ・升職之後就遇到金融風暴。手上資產全部腰斬，變得自暴自棄
	・照顧我的上司被裁員，開始擔心未來 ・想起以前玩的遙控飛機，於是買了熱門的空拍機，出乎意料迷上了 ・跟上收租上班族的潮流，研究不動產投資，但最後卻沒買 ・感受到退休後也必須自己賺錢的必要性，決定周末創業
	・參加各式各樣的理財讀書會，擴大人脈 ・為了取得工作，無論如何都想要出版自己的書 ・想要靠著擔任投資相關講座的講師與撰稿，每個月賺 15 萬日圓左右 ・感受到參與在地社群的必要性，準備擔任幹部
	・因為妻子的強烈要求，規畫地中海郵輪之旅 ・與個別客戶簽約，希望每個月賺 25 萬日圓左右
	・在 80 歲時卸下所有的工作 ・希望半耕半讀度過餘生

製作「我的年表」，找到適合自己的創業題材（範例）

	年齡	經歷	個人的事件	家人的事件
年表	0～10歲	○○幼稚園入學 ○○小學入學 轉學到○○小學	學珠算 迷上製作模型 迷上遙控車 參加當地棒球隊	妹妹出生 妹妹上小學 父親因胃潰瘍住院
	～20歲	○○國中入學 ○○高中入學 ○○大學入學	進入棒球隊 進入手球隊 參加手球全縣大賽 擔任補習班兼職講師 迷上遙控飛機	妹妹升上國中 妹妹升上高中
	～30歲	進入○○證券工作 調到大阪分公司 獲頒社長獎 調到人事部 晉升組長	在上司的邀請下開始打高爾夫球 挑戰會計證照，但沒有考過 結婚 買房子 成為父母	妹妹在地方銀行就職 妹妹結婚 妹妹的孩子出生 女兒出生／父親退休
	～40歲	跳槽到○○人壽 晉升營業課長	考取理財規畫師證照	女兒上小學 妻子重回職場 母親動狹心症手術
	～50歲		購買空拍機，參加同好會 開始投資不動產	女兒上國中 父母成為後期高齡者（75～84歲） 女兒上高中 女兒上大學
計畫	～60歲	辦公室搬遷 晉升部長 管理職年限 退休 · 延長僱用	開始寫部落格 開設講座 出版書籍 副業收入達到200萬日圓 考取空拍機操作士資格 跟共享辦公室簽約 接下管委會幹部	女兒就業
	～70歲	停止延長僱用	夫妻一起出國旅行 年收入達到300萬日圓 移居馬來西亞	妻子退休
	～100歲	真正退休	過著晴耕雨讀的日子	

為了避免被打擾，請利用假日、暑假或連假期間，關在房間裡獨自填寫，或是去圖書館填寫。我朋友甚至還為了填寫這張表格，特地去飯店住一晚，藉機獨自出外旅行。

趁著返鄉期間填寫，也是個不錯的點子。如果有想不起來的事情，回去翻翻日記或相簿就能喚醒記憶，也能詢問家人、父母或老朋友。這些都是在老家比較容易進行的事情。

3.不要有先入為主的成見

避免賦予事件過多意義，請客觀如實地寫下事實，不要邊寫邊想「這件事情真無聊」「好像跟工作沒什麼關係」「真不想回憶」或是「這件事不想被別人知道」等。

總而言之，請先將任何事情都寫下來。許多原本以為無聊、不重要的小事，都隱藏著意想不到的發現，可能在很久很久以後才產生重要的意義。

如果能夠以年表形式記錄過去的自己，就能將年表延伸到未來。下一步即是寫下未來規畫，諸如自己的理想、目標或希望。

就算寫得很簡單也無所謂。寫下的內容會成為將來的計畫。**請以接下來五十年的計畫為前提，寫下自己的目標，以及為達成目標的應辦事項。**

在填寫的步驟方面，首先寫出「已經知道的事情」和「已經確定的事情」。

接著也寫下「幾乎確定會發生的事情」。以個人的事件為例，「管理職年限」或「退休」的日子等，如果沒有什麼意外，應該已經確定。

在家人的事件方面，譬如「孩子從學校畢業的年齡」或「預計找到工作」的年齡等，也應該心裡有個底，也請鉅細靡遺地寫出來。

至於自己的目標，則填寫在「經歷」「個人的事件」「家人的事件」以及「備註」欄位。

當然不需要把所有欄位都填滿，但是請平均填寫，不要特別偏重哪個部分。如此一來，人生設計圖就完成了。

寫著寫著，腦中自然會浮現想做的事情，這時請立刻記錄下來。

知道自己將來的目標後，就能思考該為目標進行哪些準備、該如何運用時間。生活也會因此受到影響。舉例來說，如果想利用下班後的時間準備創業，就必須決定「應該在幾點以前回家」；如果想利用早上準備，則必須規範「應該幾點起床」等。

填寫上述內容時，也要分別從自己的工作、家庭、個人的角度切入，這樣比較容易取得平衡。

或許有人在寫下年表與計畫之後就幻滅了。譬如發現收入可能會不夠，或者察覺自己只是徒增年歲而已，因而意志消沉。

但是，填寫表格的目的就是強迫自己冷靜。幻滅能夠成為「更該從現在開始，改變生活方式」的原動力。接下來，思考避免幻滅的方法，以及該怎麼做才能實現目標。只要有十年的時間，多數事情都能成功。

寫完之後再重新瀏覽一遍，就會發現自己其實還有不少時間。當然，十年後的事情誰也說不準。說不定會發生地震，或是全球性的重大事件。

但更重要的是，了解「自己想做什麼」「自己想成為什麼模樣」，以及「為此現在應該做什麼」。如此一來，就能理解「大人的周末創業」有其必要。這種必要性能夠堅定你的決心，請務必用心填寫。

步驟② ❶決定專業領域

下定決心之後，接著即是尋找題材。如同前面所說，大人若想從事周末創業，最推薦成為「活用職場經歷的專家」。

然而，成為專家需要找到自己的專業領域。**「專家」指的是在特定領域內擁有知識、能力、實績**，並且能夠活用這三項要素，為企業或個人解決問題的人。創業之前，必須先判斷自己想要解決的問題屬於哪個領域。

以我為例，我是「周末創業」的專家。而我認識的人當中，也有「製作簡報資料的專家」「削減經費的專家」「不登門拜訪就能跑業務的專家」。

由此可知，專家也分很多種。開創事業時，一定要決定自己屬於哪個領域的專家。

那麼，該如何找出這個領域呢？舉例來說，你可以根據上班經驗，從長久以來從事的工作中，或是一直以來專注投入的興趣中，思考自己「在哪方面具備專業能力」或者「想被稱為什麼專家」，從中鎖定最能觸動自己的一項，思考該如何將其當成事業上的武器，加以活用。

◉ 步驟② ❷盤點自己的人生

每個人通常都擁有自己的專業領域，對「大人的周末創業」而言更是如此。工作了幾十年，總會遇到需要高度專業性的部分。首先，可以考慮將這些部分當成專業領域。

話雖如此，找出專業領域卻未必容易。畢竟活了這麼久，回顧往事的時間自然相對更長。在這裡向各位介紹一個好方法，那就是「盤點自己的人生」。**把自己的經歷寫出來，找出自己的優勢、專長、興趣或賣點等。**

盤點自己的人生，就像是把肩上的行李全部卸下，放在地上一字排開，從中挑出用得到的部分與用不到的部分。我們可以藉由這樣的過程，找出自己的專業領域。

這項作業之所以有效，理由有二：

1. 答案就在「自己身上」

自己該做的事、想做的事，線索其實都在於自身。提及開創新事業或辭職創業，往往都是傾向追求現在自己缺乏的事物。譬如考取新證照，或是從零開始重新學習新的領域。

人們都以為，只要學會技術與知識，就能找到自己想做的事情。然而多數情況下，這是在緣木求魚，反而只會離自己想做的事情愈來愈遠。

況且，我們是大人，相較於年輕人，我們剩下的時間愈來愈少，吸收力也愈來愈差，寶貴的時間將在徒勞無功的行動中逐漸流逝。

所以請先聚焦於自己的內心，而不是外部條件。**大人必須淘選出現在擁有的事物，並進行「編輯」**。

活到這把歲數，想必有擅長的事物、喜歡的事物、能夠鑽研的事物、比他人優秀的事物、曾被稱讚過而覺得開心的事物、童年時或年輕時著迷的事物等。

每個人都承載了這些過去，所謂盤點，即是先將以上事物一一卸下，找出相關性，串接在一起，藉此發現線索，幫助自己找到想做或該做的事情。

我輔導的創業家當中，很多人透過這項盤點作業，找到自己的事業。

2. 能夠客觀看待自己

另一個盤點自己的理由，是為了客觀看待自己。很多人如果不這麼做，就無法發現自己擅長的事物或賣點。

人們不會察覺自己的優點。很多人明明擁有看在別人眼中相當出色的資質，自己卻完全沒有發現。

尤其上班族在公司裡，四周都是擁有類似資質的人。如果因而把自己的工作當成普通的例行作業，就算工作水準達到專家等級，也很難發現其價值或珍稀性。

在我的講座中，我會請學員填寫完自我盤點表後，與周圍的人交換、互相評論。有些人會從中獲得意想不到的高度評價，察覺自己的價值所在。換句話說，**如果不從客觀的角度觀看，就很難發現沉睡於自身的「寶藏」**。

只要換個角度，或許就能察覺以前沒有發現的「連結」或「相關性」。重新發掘自己的可能性，創業的線索就會浮現而出。

一三二頁提供了盤點自我的專用表格，請參考範例填寫。

首先填寫「工作」欄位。這個欄位有「產業別」「職務」「客戶」「人脈」

「證照」「技能」等項目。透過工作，培養出了哪些能力呢？請鉅細靡遺地寫在欄位裡。

光是填寫，就能帶來許多發現。譬如我在出版社工作的朋友，只在產業別填了「出版業」，職務填了「編輯」。只看這兩項，或許還看不出專業性。

但在技能欄位中，他另外寫出了「引導別人說話的訪談術」「將訪談內容整理成精簡文章的能力」。填寫完成之後，他發現自己已經培養出在出版之外的領域也能應用的技巧。

於是，他以「人的編輯」為概念，成為打造個人品牌的顧問。

不管是自己覺得多平凡、多普通的技能都可以，這些全都是培養至今的珍貴資本。有些人會說：「雖然我待的是大企業，但二十年來都平凡地上下班，沒有什麼特別的證照或技能。」這麼說就太小看自己了。

實際上，就有人活用這樣的經驗，成為活躍的研習講師，專門傳授經理人溝通術與處世之道。

「在大企業工作二十年」本身，就已是相當厲害的技能，可以根據實務

重新發現自己的可能性！「自我盤點表」（範例）

工作（包含過去的工作）	產業別	・大型證券公司 ・外資壽險公司
	職務	・負責業務 ・負責人事部
	客戶	・還在上班的所有上班族
	人脈	・○○證券、○○人壽的前同事 ・○○人壽的客戶　・○○青年會議所的成員
	證照	・汽車駕照　・珠算能力檢定一級 ・一級理財規畫師
	技能	・股票知識　・保險知識　・業務話術　・珠算 ・算錢的速度很快
工作以外	興趣	・遙控飛機、空拍機操縱　・高爾夫球 ・美食（蕎麥麵、拉麵）　・品酒（日本酒、紅白酒）
	感興趣的事物	・不動產投資 ・外匯投資
	想挑戰的事物	・空拍機證照 ・取得高爾夫球差點
其他（人際關係等）	家業	・本人：上班族家庭 ・妻子老家：農家
	人脈	・空拍機同好會夥伴 ・日本財務策畫協會讀書會
	地緣	・○○縣同鄉會 ・●●高中手球隊同學會
	其他	・曾給過妻子的親戚投資建議，並獲得感謝

我的專業領域
指導個人生涯規畫、資產規畫

經驗，指導不諳該領域的門外漢「在大型企業中長期工作的祕訣」以及「工作重點」。

工作，在人生中占據了漫長時光。與其把全新的事物當成創業題材，還不如善加活用過去花費長時間習得的工作技能。如此一來，更能提高成功機率。

接下來，也請填寫「工作以外」的欄位，與「人際關係」的欄位。

前面提過，成為本業相關領域的專家，更能提高成功的機率，但「工作以外」的興趣、想挑戰的事情，甚至家業、人脈、地緣等，也都充滿了創業線索。

不過，盤點時有一些注意事項，請務必遵守：

1. 動筆書寫

不要只在腦中思考，請實際動筆寫下來。書寫的過程中，應該會有很多發現。審視寫下的內容，也能獲得一些靈感。

2. 不要受困於先入為主的觀念，寫出來再說

不要太拘泥於日後想要從事的工作種類或業種，請盡可能寫出自己所擁有的正面「資產」。這時請活用已經做好的年表，譬如人脈、工作培養的技術、全心投入的興趣或專長等，總之把所有想得到的內容全都寫出來。

3. 具體描述

盡量寫出長久以來在本業備受好評的部分，以及能夠發揮優勢的地方，譬如「常被稱讚簡報做得很好」「擅長處理客訴」「只有我才懂得保養那臺機器」「很會寫商業信件」「深得 A 公司老闆的信賴」等。

就算不是工作本身的內容，只要對工作有所幫助，也請都寫出來。譬如「總是負責籌辦聚會」「喜歡整理辦公桌」「擅長主持活動」「算錢的速度很快」等。

你是哪方面的專家？

我在前面建議過「活用本業」，但有些人可能會感到困惑。譬如「我的業界很特殊，不適合當成創業題材」，或者「我在製造商上班，不可能離開公司，獨自經營製造業。」

但是，**所謂活用本業，不是只在與本業相同的業界工作。**舉例來說，某位金融界業務員，長年製作了許多簡報資料，於是以「簡報製作專家」的身分創業。或者長期在汽車製造商的生產管理部門負責削減經費的人，以不限業種的「經費削減顧問」作為創業題材。

又譬如某位住宅建商業務員，因為不擅長登門推銷，轉而以寫信代替跑業務。後來他活用這樣的經驗，以「不登門造訪的業務顧問」身分創業。由此可知，就算業種不同，也可以活用在本業的經歷著手創業。

某位在出版社上班的人，多年來都以婚禮主持人為副業。在這樣的過程中，他見識過無數場婚禮，開始覺得「自己是婚禮專家」。

基於這樣的想法，他展開了各式各樣的結婚相關事業，譬如策畫及舉辦相親派對、進行媒人仲介、提供婚姻生活建議等。

除了工作之外，**「老家經營釀酒廠」或「參與地方社群活動」等私人方面的資源，也可以多加善用。**

我認識這樣一個人，一直在企業從事總務會計的工作，老家則經營醫院。於是他活用了企業的工作經驗，擔任老家醫院的理事長。後來又運用了擔任理事長時培養的經驗，成為醫院事務部門的顧問。

另一則案例中，有人的老家從事漁業，因此比一般人更懂得如何挑魚、吃魚。於是他運用這樣的能力，成為海鮮專家——「魚類處理師」，以此策畫並舉辦魚類食育活動、擔任鮮魚餐廳顧問等，事業風生水起。

如同上述，淘選出自身的資源並具體寫下，就會發現，其實自己已經是某方面的專家了。接著從這些資源中，挑選今後特別想嘗試的工作，寫在「我的專業領域」欄位裡，這就是你從事「大人的周末創業」的專業領域。

令人意想不到的創業提案

「盤點自己」，即是「編輯」自己這個人。試著組合寫出來的關鍵字、比較彼此的關聯，或許就能從異質事物的組合當中，浮現意外的可能性。

我的專業領域「周末創業」，也是把上班族最喜歡的「周末」與「創業」這兩個關鍵字結合在一起，所創造出的新詞彙。

進行盤點時，還不會知道自己有哪些資源可以運用。超乎意料的奇特靈感，也可能從看似無用的熟悉字彙中誕生。**這是一種透過組合熟悉的平凡事物，創造出全新價值的思考方式。**

換言之，首先將自己拆解打散，再組合成一個截然不同的自己。請務必透過「重新編輯」自己的過程，發掘全新的可能性。

舉例來說，有位透過周末創業從事翻譯仲介業的人，原本在中堅電機製造商的海外營業支援部門工作。剛開始，他就像許多人一樣碰到瓶頸，完全不知道該用什麼題材創業。於是，他決定嘗試盤點自我。

結果他發現自己在翻譯方面的工作分配了很多時間，於是活用這項技能，從英文翻譯開始做起。

除此之外，他也察覺自己一直和留學日本的外國人密切往來，積極擔任留學生的寄宿家庭。而且在留學生回國後，彼此緊密的關係依然持續，例如互寄聖誕卡或互相拜訪。仔細想想，他與這些雙語外國人之間的人脈網路，已經遍及世界各國。

於是他看準了翻譯仲介業。他想到可以把原先承包的翻譯工作，發包給國外的雙語外國人。

一般而言，網路上的翻譯服務會因國內外而有不同報價，但他的翻譯仲介卻沒有這個問題，可以用堪稱全國最低的價格提供翻譯服務。他更運用了過去建立的人脈網路，讓服務範圍擴及主要的八種語言。

他的事業很快就步上軌道，現在的客戶從個人遍及大企業，服務內容也從網站的英譯與日譯，逐漸擴大到科技相關手冊翻譯、學術論文翻譯等。

他透過盤點作業，發掘了自己的雙語人脈。我們不會知道創業的線索隱藏在哪裡，而你或許也尚未察覺的龐大「資產」，正沉睡在自己的腳邊。

如何判斷專業領域的潛力

決定專業領域後，就要檢驗發展成事業的可能性，看看有沒有機會成為一門生意。檢驗通常從以下六個切入點進行：

1.「市場性」——有客人嗎？

如果沒人願意付錢，專業就無法成為事業。當然，大人的周末創業不以賺大錢為目標，相對而言，不需要擁有大量客戶。但要是完全沒有人願意買單，事業也無法成立。請想一想潛在顧客是否確實存在。

2.「發展性」——能夠發展到多大？

假設專業確實有其需求，就要思考能夠達到多大的營收規模。你或許毫無頭緒，但一般來說，事業很難永遠只靠同一種商品支撐。

在思考增加品項、改良商品的同時，**也請想想看選項是否夠豐富。**不過，大人的周末創業並不追求大幅度的成長，所以即使看不見太大的發展性，也不需要放棄。

3.「獲利性」——能夠賺多少？

既然是做生意，獲利就是一大重點。能夠賺多少錢、把實行所費的工夫與時間換算成時薪後合不合算等，都是必須考慮的部分。

大人的周末創業中，通常沒有一開始就賺大錢的案例。不過，從事專家工作不需要本金，完全零成本。也就是說，你應該選擇「剛起步就能獲利」的領域。

反之，**如果獲利的前提是擴大規模，譬如固定成本龐大的餐飲業等，就屬於應該避開的創業題材。**

4.「持續性」——能夠持續多久？

持續性對事業來說很重要。成功的周末創業家都異口同聲表示「持續就是力量」。剛起步時，需要耗費相當大的能量。但只要步上軌道，運作事業就不需要花太多工夫。

若非如此，就不可能邊上班邊經營創業，也不可能在退休後持續下去。光看這一點就能明白，**「找喜歡的題材創業」有多麼重要**。尤其大人的周末創業是用以因應人生百歲的時代，能夠持續愈久愈好。創業時，必須考慮能否維持到八十歲左右。

5. 「獨特性」——能否打造與眾不同的差異性？

請仔細想想，自己是否「獨一無二」。顧客總是會質疑「為什麼非得委託你不可？」你必須準備好這個問題的答案。除了技能之外，也必須磨練自己的性格與身段，贏得客戶的信賴，讓客戶說出「因為是你，我才能放心委託」。

6. 「實行的可能性」——周末創業是否可行？

周末創業終究屬於一邊上班，一邊開創、經營的事業，所以大前提是能夠兼顧公司的工作。

舉例來說，需要整天顧店面的零售業或餐飲業等，除非下很多工夫，否則應該難以兼顧。此外，以企業為服務對象的事業，通常也會在白天接洽，最好花點心思解決這個問題（例如採用只限電子郵件諮詢的方式）。最後，大人的體力、精力、理解力等方面都日漸衰退，確認這項工作不會過度勉強自己，也是很重要的關鍵。

從這幾個面向評估自己的專業領域，如果全部OK就沒問題。不過，就算稍有懷疑，也不要放棄。請再次梳理想法，或是思考對策。

當然，如果只有一、兩個障礙，可以在實際執行之後逐一克服。為了克服障礙所下的工夫，或許也會成為與別人做出差異化的重要因素。創業的事項繁瑣，不實際行動就不會知道。實際嘗試之後，也會冒出更多想法。

反之，就算現在覺得「沒問題」的部分，可能做了之後才發現其實有問題。關於這點，也必須事先做好覺悟。

我建議把以上六個檢查重點當作準則，秉持「無論如何都要展開行動」的積極態度，著手創業。

◉ 步驟③ ❶以專家自稱

決定專業領域之後，接下來就要廣為宣傳自己是該領域的專家。換句話說，就是以專家自稱。畢竟，就算已在該領域下了一百二十分的決心，如果只藏在心底，也不會有人知道。說白一點，這樣無法帶來顧客。

不過，**想以專家自稱，至少必須對自己的事業型態、商業模式等擁有大致的想像。**簡單一句「專家」，其實存在著各種不同的型態，譬如研習講師、作家、顧問、仲介等等。必須事先想好要朝哪方面發展。

常有人說「我沒有實力，不敢這樣自稱」。但總有一天，你必須撐起這個名號。畢竟接下來所要從事的不是興趣，也不是娛樂，而是工作。

此外，也有人會說「等我有自信了再說吧」。但不給自己專家的身分，只是一味空等，不可能有產生自信的一天，因為自信多半來自經驗與成果。

任何人都從跌跌撞撞中開始起步，只有拚了命克服失敗，才會產生自信。就這層意義而言，「以專家自稱」也是決心的試金石，測試是否擁有在這個領域做下去的覺悟。

缺乏自信的人會說「要是有人來找我諮詢就糟了」。請放心，這種擔心是多餘的。光是以專家自居，根本就不可能有諮詢案件上門。

如果只是頂著專家的名號就能帶來案子，就沒人需要辛苦招攬客戶了，天底下沒有這麼容易的事情。

不過，假使真的有人就此上門諮詢，這可是相當走運，你說不定挖到了龐大的市場。這時候請好好認真應對。

畢竟，你已選擇了自己的專業領域，應該不至於完全摸不著頭緒。之所以選擇這項領域，多少也是因為自己在這方面嗅覺靈敏，只要全心全力付出，必定能為客戶帶來幫助。

讀到現在，依然略感迷惘的人，以及在好幾個領域之間猶豫、不知道該選哪個好的人，我建議可以先選出其中一個，並自詡為該領域的專家。雖說這樣的行為固然需要「覺悟」，但如果失敗了，要重來幾次都可以。老實說，東山再起好幾次才是正常的狀況，多數人都會換好幾次招牌。

我自己也曾經接連更換好幾項專業領域，從「書店顧問」，變成「進軍美國的顧問」，再到「線上商城顧問」。

步驟③ ❷給自己一個頭銜

以專家自稱需要「頭銜」，也就是用來敘述工作內容的一句話。譬如「○○顧問」「○○諮詢師」或「○○分析師」等。由於是專家的頭銜，必須讓人感受到高度的專業性。

有句成語是「人如其名」。換句話說，人的行動受到頭銜規範。**以「○○專家」自居時，就算沒有實際成績，也會產生身為該領域專業人員的自覺。**頭銜能讓自己繃緊神經，格局與視野也會逐漸改變。

不過，選擇的頭銜不能太過平凡。雖然職場上已經有很多現成的頭銜可用，**但我更推薦以前沒有人用過、無前例可循、聽起來有點陌生的頭銜。**

思考頭銜時，必須抱持著創造新工作的心態，這稱為「**創職**」。請務必試著創造出一個充滿個性與原創性的職業。

尤其一旦擁有證照，很容易隨隨便便就把證照名稱當成自己的頭銜，這樣往往會讓人把你的工作與其他類似職業混為一談：「就是做那個的嘛，我知道我知道。」

我身邊活躍的創業案例當中，有人即使擁有會計師的證照，也刻意不以此自稱，而是稱呼自己為「財務顧問」.，或者擁有員工福利管理師證照的人，稱自己為「人資顧問」。

把證照名稱當成頭銜，工作的內容也往往會被套進刻板印象。譬如會計師即為「記帳、處理財報、應付稅務調查」，員工福利管理師則是「計算薪資」等。

而且，這些職務的報酬都有行情價，報出頭銜時，也自動決定了報酬的範圍。就算當事人能力優異，擅長為顧客解決超過一般人或員工福利管理師工作範疇的問題，也很難期待顧客委託超過證照範疇的工作。

如果日後想要挑戰沒人嘗試過的工作，**頭銜也必須創新。只要有人對這項工作有需求，你就會成為獨一無二的存在。**

不過，頭銜也不能太偏離常軌，簡單明瞭地展現工作內容，客戶也比較容易提出委託。常用的頭銜通常是「〇〇顧問」「〇〇諮詢師」「〇〇規畫師」「〇〇總監」或「〇〇專家」等。

如果工作內容不夠一目瞭然，至少要在被問到「這項工作的具體內容是什麼？」時，能夠清楚回答。

頭銜可以自由決定，但在創造頭銜時有一些技巧。首先請填寫一四八頁「頭銜與簡介企畫書」的上半部：「思考你的頭銜」。

這張表格能夠幫助你確認以下幾點：

- **解決誰的問題？**
- **解決什麼樣的問題？**
- **如何解決問題？**

接下來將依序解說。

1. 解決誰的問題？

什麼樣的人會需要你的專業呢？依此決定自己預期中的客戶。思考這個問題時必須具體一些，答案不能單純只有「企業」或「個人」。以企業為例，必須進一步詳細思考其事業規模、所在地、員工人數、是家族企業還是

告訴別人「我能做什麼」的「頭銜與簡介企畫書」（範例）

思考頭銜	
解決誰的問題？ （實現誰的願望？）	對退休感到不安的 40 歲以上上班族
解決什麼問題？ （實現什麼願望？）	願望是零風險建立資產
如何解決？ （如何實現？）	協助人生規畫與資產建立 ・演講講師 ・執筆撰稿 ・代為規畫 ・介紹或販賣具體的金融商品
換句話說，這就是…… （頭銜）	資產設計顧問

思考簡介	
基本資訊	1968 年出生 〇〇大學經濟系畢業 一級理財規畫師證照
事業內容	以熟年世代為對象，展開有關資產設計、人生規畫的相關演講・撰稿、顧問與策畫
實際成果	・大型證券公司、外資保險公司的業務負責人，幫助許多顧客規劃資產 ・曾舉辦許多與財務有關的講座及演講，「把困難的事情說得簡單明瞭」是信條 ・曾投稿日經新聞、週刊鑽石等許多財經商業報紙與媒體
故事脈絡	給予客戶符合需求、能夠接受的建議
個人資訊	・興趣是操作空拍機、空拍 ・綜觀客戶的人生，幫助客戶創造財富

上市企業、產業內容等。

2. 解決什麼樣的問題？

潛在客戶所抱持著的問題當中，自己想要解決哪方面的問題呢？舉例來說，企業的問題可拆分為人事政策、薪資計算、人才開發等面向。必須明確決定在這些問題中，自己想要解決的是什麼。

3. 如何解決問題？

具體來說，該如何解決潛在顧客的問題，這點也必須有明確的方案。譬如在研習中介紹解決方法、撰寫書籍或報告、提供電話諮詢、每月拜訪一次經營者、參加會議、在問題發生後以顧問身分接受諮詢等。

前述項目完成之後，請你想一想：如果要用一句話形容這些要素，該怎麼描述最合適？這句話就是你的「頭銜」，也將會成為你的「職業」。

雖說頭銜不能太平凡，但再怎麼奇特，也要有個限度，尤其身為大人，最好放棄太標新立異的點子。畢竟，穩重可靠的信賴感是大人的武器。

有些人已經老大不小了，遞出來的名片上還寫著「美夢成真顧問」「會唱歌跳舞的某某某」或「超有創意工作者」（真的有人如此自稱）。實際上我也經常收到這樣的名片。但老實說，世故的成熟大人對於這種輕浮的名片真的是敬謝不敏。

極具高度創造性的工作另當別論，但一般而言，還是避開這類頭銜比較保險。再怎麼浮誇，頂多到「戰略設計師」「節稅顧問」「經費削減顧問」「薪資諮詢師」這種程度就夠了。

◉ 步驟③ ❸製作自己的簡介

完成頭銜之後，就開始製作個人簡介吧！簡介集結了工作相關的要素，也就是將頭銜、職稱、經歷、實績、證照等資訊，整理成完整而有魅力的文章。

再回到一四八頁的企畫書下半部，請利用「思考簡介」的表格製作。

製作簡介的目的是告訴別人自己能夠做些什麼，也期待讀到的人會願意委託自己工作。換句話說，這就是吸引客戶購買「自己」這項商品的介紹及說明。

出了公司之後，商品就是自己。在公司服務時，公司名稱即說明了自己的來頭，但離開公司之後，再也無法借用公司的名氣，只能靠自己來說明「自己」這項商品，獨立創業就是這麼一回事。製作簡介，就是為了盡可能向客戶傳達自己的魅力。

想要自力更生，簡介絕對不能少。**舉凡演講、寫書、為雜誌撰稿等機會，都由這份簡介決定**。客戶實際提出委託時，也會要求提供簡介。就算是經營部落格、電子報或創建粉絲專頁等情況下，也一定會有需要宣傳自己的時候，準備簡介就是為了這些用途。而簡介完成之後，也必須不斷更新。

簡介最需要傳達的是「自己能夠完成這些事情」「我能夠幫你解決這些問題」，必須詳實表達。

不過，製作簡介時有幾件事情務必注意：

1. 簡介不是履歷

說到簡介，應該有不少人都會聯想到履歷吧？譬如：

某年某月　某某大學畢業

某年某月　進入某某公司營業部

很多人都會依照時序列出經歷，但這麼做只是條列式說明而已，完全看不到實際成果。

簡介相當於自己的說明或宣傳，是一種商品文宣。為了讓客戶買下自己這項商品，必須以有點誇張的方式，呈現出自己的魅力。

製作簡介時，可以參考書籍的作者簡介欄。書上一定有作者的簡介，本書也有我的簡介，你也可以透過網路書店瀏覽，請嘗試參考這些簡介。

為了讓讀者買下自己的書，作者必須盡力展現書籍的魅力。換句話說，作者簡介欄並不是「自我介紹」，而是「自我宣傳」。我的個人簡介也費了一番心思撰寫。

此外，作者簡介經由編輯看過，客觀性也能獲得保障。請務必秉持「成為專業作者」的心態，透過簡介展現魅力。

關於簡介的撰寫方式，還有以下兩點必須注意：

2. 不寫多餘的內容

寫得太多，會有失焦的危險，所以不要寫與工作無關的事情；就算與工作有關，只要偏離想要傳達主題，也不應該寫出來。

經歷少的人，為了讓自己看起來比較厲害，很容易把簡介寫成流水帳，以展現自己什麼都會，但寫太多反而失焦。譬如雖然頂著「進軍海外」的頭銜，卻寫出一個又一個在國內活躍的經歷，反而使客戶關心的「進軍海外成果與實力」顯得格外單薄。

3. 不斷改良、改善

簡介必須經過不斷的重新檢視，也得隨時更新重要成績，例如出版著作，或是成功完成困難的工作等，每年都必須調整數次。此外，也別忘了根據閱讀這份簡介的對象，進行微調。

我在提供給創業家閱讀，以及其他經營者和商業人士閱讀的時候，會分別準備不同版本的簡介。

◉步驟③ ❹製作名片

最後是製作名片。名片是最早傳播的資訊，就算工作的內容尚未確定，也可以**先給自己一個頭銜，製作名片**，接著積極發送出去。至於工作的內容，等之後再思考也不遲。

舉例來說，有一位活躍於金融機構的「私人銀行家」，決定以富裕階級為對象，開展新的事業。他自詡為「富裕階級顧問」，並製作名片發放。

發名片之前，也曾思考過「富裕階級顧問」是個什麼樣的工作，卻毫無頭緒。即便如此，他還是發了名片。拿到名片後，客戶問他：「你會開講座教人怎麼變有錢嗎？還是給有錢人建議？或是寫關於有錢人的書呢？」於是，他從這些選項當中，選擇自己做得到的項目一一實踐。

現在，他認為以上全部都是富裕階級顧問的工作內容，並且也實際執行中。你也可以像這位銀行家一樣，一邊接受客戶的諮詢，一邊思考具體的工作內容。

換句話說，創業可以「從形式入門」或是「從身分入門」。頭銜、簡介、名片，全都只是自己即將展開的工作大綱。大綱完成之後，再根據客戶的狀況決定詳細內容，這樣的順序也完全沒有問題。

〈重點整理〉

- 製作「我的年表」，重新發現自己喜歡、擅長的事物。
- 找出自己的能力後，再擬定以此為業的計畫。
- 以專家自稱、給自己頭銜、製作簡介與名片。

4

「大人的周末創業」這樣做

實踐篇：獲得客戶

【日後　咖啡店一隅】

朋友　後來我想了想，覺得可以從「不動產投資顧問」開始著手。

我　聽起來很不錯呢！可以活用過去的經歷，市場上也有此需求。但是，你能夠跟本業做出區隔嗎？

朋友　這個嘛，我應該會以顧客的規模來區分吧。公司只接待大企業，所以我打算以小企業及富裕階級為對象，提供不動產投資的建議。

我　公司那邊沒問題嗎？

朋友　嗯，我跟上司談過了。他說只要不影響工作，就睜一隻眼閉一隻眼。

我　真是太好了，那就萬事俱備了呢！那麼，你要怎麼尋找客戶呢？

朋友　包在我身上。我年輕的時候是業務員，業績也意外地還不錯呢！

我　喔，那你打算怎麼做？

朋友　我打算向販賣名單的公司購買高收入者名單，寄廣告郵件給他們，說明自己的顧問業務。接著按照名單，從頭開始一個個打電話推銷。

我 喂喂，你這樣做百分之百會失敗啊。

朋友 為什麼？我以前就是用這種方式，簽下一個又一個的合約呀。

我 因為銷售「顧問服務」，跟賣房子完全是兩回事啊！

上一章說明了如何找出專業領域，並決定頭銜。換句話說，到上一章為止，已經把你這個「人」，包裝成「專家」這項商品。接下來的任務，就是讓顧客把商品買下來，也就是銷售。**因此，本章將針對獲得客戶的方法進行解說。**

大人的周末創業原則上以成為「專家」為目標，譬如活用知識，成為相關領域的顧問。專家的賣點就是自己的專業知識，所以能夠在不隸屬於企業組織的情況下獨立工作。

這種情況下，格外需要發掘專業領域，透過以頭銜加以呈現，並記載於名片上，藉由簡介加以說明。下一步，便是開張營業，等待顧客上門。然而這不是一件容易的事情。

我曾提過，大人的周末創業不需要賺太多錢。但是周末創業終究是生意，不是興趣也不是娛樂，所以需要顧客。無論具備多高深知識、擁有多精準的問題解決能力，如果沒有顧客願意付錢，就稱不上事業。

所以，必須思考該如何把自己的知識與專業技能換成收入。做生意無論如何都需要「客戶」，這是以專家為業的最低條件。

接下來將依序說明獲得客戶的方法。但在說明之前，我想先針對專家如何獲得客戶這點，簡單聊聊。

勤跑業務，不保證獲得客戶

雖然大人的周末創業旨在把「專家」當成事業經營，然而事實上，多數人在獲得客戶方面都吃盡苦頭。理由很簡單，因為他們不知道方法。

如果缺乏知識，就無法拉到客戶。尤其在大公司工作的人當中，不少人缺乏跑業務的經驗，甚至還有人天真覺得「只要等待，客戶自然就會上門」。

但是獲得客戶當然沒有那麼簡單。就結果來看，很多人明明有能力，卻遲遲找不到客戶，也得不到收入。

另一方面，也有人熱衷於推銷，想要主動拿到工作。尤其在上班時有過業務經驗的人，更是具有這樣的傾向。實不相瞞，我也曾是如此。譬如：

- **準備電話簿，從頭開始一個個打電話推銷**
- **找來名單，發送廣告郵件**
- **在各個地方下宣傳廣告**
- **從辦公大樓的一樓開始依序登門拜訪**
- **在辦公大樓的信箱一一投入傳單**
- **到處低頭，拜託別人「給我工作」**

遺憾的是，這些推銷方法對專家而言完全沒有效果，反而還會讓客戶遠離，是絕對不能觸犯的禁忌。

推銷是禁忌

為什麼推銷是禁忌呢？**因為一旦開始推銷，你在對方眼中就不再是「專家」，而是「業務員」了。**

請想一想，你會把重要的事物（譬如金錢）交給突然上門推銷的人，或是打電話拉業務的人嗎？你會跟他們商量人力資源配置的問題嗎？你會付錢給這些人嗎？

如果聽到別人請你買下某某東西，或是給他工作，你應該會想要採取相反的行動吧。

心理學也證明，推銷或跑業務會造成反效果。愈是被強力推銷「請買下這個」，就愈不想買；被要求「請給我工作」，反而更不想給對方工作。

大人的周末創業以專家為目標，專家是被客戶尊稱為「老師」的工作，然而，一旦開始推銷，你在對方眼中就不再是「老師」了。

我們不會尊稱來推銷的人為「老師」，而是會稱呼他為「業務員」。沒有人會付錢聽業務員說話，反而會想著該如何早早讓他閉嘴，把他打發走。成為業務員的那一瞬間，你的話語就失去了「付錢的價值」，不僅如此，甚至連請對方聽你說話都有困難。到了這個地步，身為專家的職涯就走到終點。

為了避免被當成業務員，不管多想要工作，都絕對不能主動推銷。這個業界不需要上門跑業務，說得更精確一點是不能跑。這樣的行為等同於白費力氣，甚至會造成客戶不快，使客戶遠離你。

別「推銷」，而是「吸引」

不過，專家也同樣需要客戶。該如何解決這樣的矛盾呢？

答案是以「吸引客戶上門」取代「向客戶推銷」。並不是由我們主動上門，請對方買下商品或給自己工作，而是將需要我們提供專業知識或技術的人聚集在一起，**由他們請求「販賣服務」或「提供建議」**。

換句話說，就是讓客戶主動舉手要求「教教我」「幫幫我」。這就是專家獲得客戶的方法。

當然，大名鼎鼎的人物，光是原地等待就有顧客上門。不過一般人沒有這樣的能耐，所以得運用一些手段。這就是專家的行銷。

那麼，不推銷就吸引客戶上門，具體而言該怎麼做呢？事實上，現在已經有一套能夠持續獲得客戶的方法，依照下列的步驟進行：

- **傳播自己專業領域的相關資訊**
- **舉辦講座等活動，聚集相關資訊的受眾**
- **讓他們對講座內容產生共鳴，若有需求，則提供個別諮詢**
- **諮詢過程中，讓對方主動請你擔任顧問**

以下依序詳細說明：

1. 傳播自己專業領域的相關資訊

首先第一件該做的事情是向大眾（尤其是向將來有潛力成為客戶的人）展現自己是「能夠為客戶解決問題的專家」。畢竟，誰也不知道你頂著專家的頭銜，甚至根本不曉得你的存在。

因此，你應該持續散播專業領域的相關資訊。換句話說，就是以自己專業領域的相關內容、潛在客戶可能感興趣或困擾的內容為主題，撰寫文章或進行演講。

具體的做法，就是透過社群媒體、部落格、書籍、雜誌等管道，散播專業領域的相關資訊。因你所傳遞的訊息而聚集的受眾，十之八九需要專業知識。他們知道你是專家，對你說的話感興趣，如果有需要，會尋求你的幫助。換句話說，你要傳播的是「吸引客戶前來求助的內容」。

2. 舉辦講座等活動，聚集相關資訊的受眾

把需要你提供專業知識的人聚集在一起。為此需要策畫、舉辦與專業領域相關的講座與讀書會。活動參加者都是認真看待該領域、需要解決問題，

也具有緊急需求的人。

與這些人面對面說話，會讓你更有說服力。再者，講座並非由我們單方面傳遞資訊，更創造彼此對話的機會。邊觀察對方的反應邊提供資訊，更容易說服對方。

3. 提供到場者個別諮詢

此做法需要個別進行，不過你可以請到場者說出自己的問題與煩惱。這麼做，更能釐清客戶的疑問。

諮詢的過程中，客戶的問題會逐漸變得清晰。你可以針對問題，給出具體的建議，或是透過輕鬆解決問題來展現自己的本事，讓客戶知道自己是可靠、值得信賴的專家。

4. 諮詢過程中，讓對方主動請你擔任顧問

諮詢時間有限，單次諮詢中，所能給予的建議也有限，有些案例無法光憑口頭指導，必須實際操作。某些情況下，甚至還需要拜訪客戶，位居第一

線觀察。基於這些理由，如果客戶有需求，可以建議他聘請你擔任收費顧問。

最重要的是，**在接受諮詢的時候，就要事先準備好顧問的方案**。如果客戶覺得有必要，就會詳細詢問擔任顧問的條件。

這時候，為了能夠迅速應對，請先準備好基本的收費基準，確認對方的需求與預算，日後再補上正式的方案。如此一來，你就簽下了第一份合約。

以上是專家獲得客戶的一般方法，也是以專家為目標的你，現在必須立刻執行的事項。更詳細的方法，將根據以下步驟一一說明。

步驟④ ❶傳播資訊

大人的周末創業需要廣傳資訊。換句話說，就是透過網路等媒體，在世人面前展現自己身為專家的知識與見解。

舉例來說，如果你決定以人資專家為業，就必須傳播與人資相關的看法；如果打算成為業務專家，就要在社群媒體發表與業務有關的方法與觀點。使用網路媒體不僅成本低廉，也能隨心所欲地發送訊息。

在起步階段，尚未決定具體的創業題材也沒關係，因為傳播訊息的目的是提升身為專家的認知度。只要能夠向對你的專業領域有疑問的人、感興趣的人，展現自己的專家身分即可。

達到這個目的，需要一定程度的時間。所以一旦決定專業領域，就要立刻動手進行。傳播訊息的過程中，就能夠發掘並培養有潛力的客戶。創業題材的形式，也能根據這些客戶的需求制訂。

傳播資訊，對專家來說極為有利。接下來將介紹主要好處。

1. 聚集將來的客戶

從事專家的工作時，不可能突然就有客戶上門，他們或許現在還不需要諮詢。最重要的是讓將來有潛力的客戶，在需要的時候聚集到自己周圍。

用釣魚來比喻，傳播資訊就是「撒餌」。有釣魚經驗的人都知道，千萬不能盲目地把釣線拋向大海。首先要撒餌，讓魚群聚集在同一個地方，而釣線位置則要垂釣於聚集的魚群當中。

拉客戶也一樣，只不過撒的不是餌食，而是資訊，具體來說是客戶感興趣的資訊。只要持續傳播資訊，具有潛力的客戶就會漸漸聚集到周圍，這時，你手上的釣線就是講座與個別諮詢。接下來只需要等待客戶迫於需求而上鉤即可。

2. 讓客戶容易找到自己

傳播資訊能夠讓客戶更容易找到自己。只要持續傳播資訊，當別人查詢與專業領域相關的關鍵字時，就有可能找到你。

人們在搜尋資訊時，首先會從網路找起。出版社或講座的負責人在尋找作者或講師時，也會使用搜尋引擎。

只要平常確實發布資訊、累積內容，當他們需要像你這樣的專家時，就會更容易找到你。此外，只要平時好好累積作品，在接到出版、撰稿或演講之類的邀約時，也能當成新的內容，加以沿用。

3. 社群媒體也能取代網站

如今，為創業架設網站，已經是過去式，臨時要從零開始建立網站，負擔也實在太大了。

況且，網站的架設與維護既花時間又花錢，一開始可以先透過部落格或臉書等代表性社群媒體取代網站，發布資訊。

在網路上傳播資訊時，隸屬於企業組織的人，或許會抗拒公開本名或長相。但如果想要不依靠公司、自力更生，那麼公開姓名與長相、表達意見、散播資訊等，都是不可或缺的宣傳管道。為了習慣這件事，可以先從經營社群媒體與撰稿等做起。

展開專家事業的路上，絕對少不了「傳播資訊」的環節。過去常見的方式可舉例如下：

- **發行書籍**
- **媒體採訪**
- **投稿雜誌**
- **在講座中擔任講師**

相較過去，**現代最推薦的方式是「自媒體」**，也就是透過部落格等網路媒體發表觀點。自媒體是相當自由的媒體，可以自行決定想要開始的時間，寫下自己想寫的事情。

其中，我最推薦的媒體是部落格。理由如下：

- **能夠累積作品內容**
- **除了文字，更能上傳照片**
- **能夠取代網站**

當然，也可以使用臉書等社群媒體。接下來將針對社群媒體的經營步驟，依序進行解說。

步驟④ ❷開始經營社群媒體

開始經營社群媒體的順序如下：

1. 擬定企畫

在社群媒體平台登錄自己的頁面時，必須先決定標題、主題、架構、更新頻率等。使用一七四頁的「社群媒體企畫書」，就可以避免重複或遺漏。

2. 註冊帳號

連上臉書，或是「痞客邦」(Pixnet)、「隨意窩」(Xuite)、「Blogger」等平台，註冊會員帳號，就可以開始使用。

剛起步的階段，最重要的是充實「個人簡介欄」，一定要讓讀者能夠聯絡到你，也要吸引讀者追蹤訂閱。

3. 撰寫文章

根據企畫書上決定的事項更新文章。盡可能維持固定發文頻率，定期更新。

4. 上傳文章

傳播資訊！獲得客戶的「社群媒體企畫書」（範例）

主題	・現在開始思考、準備退休後的資產
標題	・大人的資產規畫沙龍
副標題	・從現在開始準備退休金
潛在讀者	・40 歲以上的個人投資者，希望以適合自己的方式妥善投資，愉快度過不缺錢的退休時光
大綱	・從身邊的報紙、雜誌中挑選資產規畫的文章，進行介紹與解說
架構	・從報紙或雜誌挑選建構資產的相關文章，進行摘要 ・以專業的觀點對上述文章進行解說
字數	・2000 字（文章摘要約 500 字，評論約 1,500 字）
更新頻率	・每周更新三次
其他	・以好讀為最優先，仔細選擇主題 ・嚴格遵守字數限制 ・為了節省時間，先製作雛型並採取固定格式 ・先假設內容會被二次、三次轉載 ・考量到引用文章的著作權，明確標記出處

依照社群平台的步驟上傳文章。選擇人們最有可能閱讀的時段上傳，能夠提高點閱率。

請依照上述步驟開始經營社群媒體。接下來，就是根據企畫所訂定的頻率上傳文章。上傳時請注意下列幾點：

・不要太過一頭熱

請注意文字量與文章口吻。網路媒體讀起來比紙本吃力，如果文章寫得太長，讀的人會比寫的人更疲倦。此外，人們上網想看的是輕鬆的內容，要是內容或表現手法太生硬，容易被跳過。

・無論如何都要持續下去

運氣好的時候，剛開始經營就能收到讀者的回應，但通常都得經歷好一陣子毫無回饋的階段。你或許會覺得挫折，但即使如此也要持續下去，請不要灰心喪志。

如果想要持續，在企畫階段就不能太勉強自己。選擇不怕沒哏的主題、在固定的時間寫稿等，都是持續更新的祕訣。事先建立能夠維持動力的制度，也是個不錯的方法。

・內容要與工作有關

傳播資訊的主要目的是宣傳並鎖定潛在客戶，所以內容必須局限於與專業領域相關的範圍。至於私人資訊，則建議適可而止。

有些社群媒體剛創建時的主題是工作相關話題，後來卻逐漸演變成家庭記錄或美食尋訪等私人資訊。當然，私人內容並非完全不能寫。適量的私人資訊，能夠帶來親近感，但既然是專家的社群媒體，還是應該謹守分寸。

在此也進一步介紹部落格以外的媒體：

1. 網站

有能力的話，最好製作個人網站。對專家而言，網站就像自己事業的「店面」。製作正式網站之前，可以使用免費的網站空間，研究版面設計與網站結構。

確定基本的設計與網站架構方案，以及喜愛的網站名稱後，就可以和出租伺服器的業者簽約，取得自己的網域名稱。網站本身雖然可以使用軟體自行製作，但是很費工夫，最好還是花錢委託專家。

不過，委託正式的業者很花錢。外包給認識的人或其他周末創業家，就能壓低費用。

2. 電子報

如果說網站與部落格是「等待」客戶點閱的媒體，那麼電子報就是「主動出擊」的媒體。不過最近信箱的過濾功能普及，讀者漸漸變少了。

即使如此，如果想將客戶引導到自家網站或部落格，電子報依然是強而有力的武器，能夠直接把資訊送到對方手上。不妨註冊「PChome Online 電子報」等相關網站，就能輕鬆發行電子報。

當然，也可以透過臉書等社群媒體代替。你也可以在部落格或網站上鼓勵讀者留下郵件地址，就能持續主動傳播資訊。

傳播資訊的附加價值

目前為止的內容皆強調，傳播資訊是一種把需要你的人（或是將來可能需要你的人）聚集起來的方法。但是，從發布資訊的那一刻起，直到實際取得客戶為止，得花費不少時間。這段期間內如果一無所獲，將會帶來沉重的精神壓力。即便如此，傳播資訊也有其附加價值，譬如以下：

1. 身為專家的名聲

傳播愈多資訊，就愈可能有人把你當成專家、對你刮目相看。對於傳授未知事物的人，人們通常會尊稱為「老師」，並以敬重的態度對待。

2. 信任

能夠與接收資訊的人建立信任關係。信任程度與交流頻率成正比，就算沒有實際接觸，只透過電子郵件往來也無所謂。客戶每接觸一次你所傳播的資訊，對你的熟悉感與信任感就會加深一分。

實際上，傳播資訊還能獲得更大的附加價值：

3. 傳播的內容本身成為事業

「傳播資訊」本身就能成為專家的事業，也就是收入來源。譬如：

- **接受媒體採訪，可以得到「採訪謝禮」**
- **幫雜誌撰稿，可以收到「稿費」**
- **發行書籍，可以獲得「版稅」**
- **擔任講座的講師，可以得到「演講費」**
- **刊登廣告，可以獲得「廣告收入」**

由此可知，傳播資訊可以導向收入。對專家而言，既是行銷手段，同時也能成為「專家事業」的其中一項收入來源。

步驟④ ❸交換名片

此外，「交換名片」是個容易被遺忘，卻絕對不能忘記的資訊傳播方式。將名片遞給對方，是一種不折不扣的資訊傳播。

任何人都會收下名片，而且收下之後通常會收藏起來，不會丟棄。大家在收到傳單或廣告郵件時，常常不看內容就丟掉，但收到名片卻不方便亂丟。

換句話說，我們可以有效活用名片，當成宣傳或促銷的工具。此外，遞出名片後，對方通常也會回贈名片，這是重點，因為只要交換名片，就能獲得對方的「地址、電話、電子郵件」等寶貴的個人資訊。

只要與潛在顧客交換名片，就能收集到更多聯絡方式。為了接到工作，沒有不發名片的理由。

那麼，該如何活用名片這項武器呢？首先要積極會面那些有潛力成為客戶的人，盡量交換名片。出席異業交流會、晨間聚會、講座等，並在現場發放名片。只要在大規模的交流會上露臉，就能立刻換到幾十張的名片。像這樣增加聯絡方式，就是讓事業步上軌道的「事前準備」。

把收集到的名片輸入EXCEL等軟體，即可製作「潛在客戶清單」。如果有必要，還可以根據自己的專業直覺，區分等級。譬如分成三到四個階段，A級是「極有潛力」，B級是「還算有潛力」，C級是「其他」等。

針對清單上的潛力客戶，定期透過電子郵件傳播事業資訊，例如對方可能會覺得有益的資訊、自家新商品與服務資訊，或是目前正在從事的業務、創業後可提供的服務等近況報告。換句話說，就是寄送電子報。

重點在於，電子報內容絕對不能形同推銷。如同前面提過的，推銷、跑業務都會造成對方反感。你所提供的資訊，務必僅限於「我正從事這樣的活動」「我提供這樣的商品與服務」。

只要定期且持續地傳播正確資訊，即使得不到回應，潛在客戶的腦中也能留下「那個人在從事這項事業」的印象。

一旦對方需要進行專業領域的相關諮詢時，就能想到「不然去問問看那個常常寄信給我的人吧」。

所以，就算不推銷，有需求的顧客也會主動上門諮詢。當然，在正式接受委託之前，需要擁有大量的名單、傳播大量的資訊，也需要花時間經營。

不過，就我看過的許多創業家案例來說，腳踏實地從事經營的人，最後都會很順利。能夠成長的人，都不會想著要一步登天，如果希望自己的事業盡快上軌道，千萬不能偷懶。

步驟5 聚集讀者

透過社群媒體傳遞訊息，讀者就會一點一滴增加。但使用這類媒體無法得知讀者的反應，甚至連「讀者的輪廓」都不知道。

在這個階段，讀者與你終究只是網路上的訊息傳播者與接收者，屬於單方向的關係。照這樣下去，彼此不可能更加深入。

透過網路，無法看見對方的反應，所以也掌握不到需求，難以發展成對方願意把工作委託給你的深入關係。

如果目標是顧問這類具高度專業性的工作，更是如此。專家的工作和販賣日用品之類的業務不可相提並論，不可能像網路商店一樣，按個按鈕就能訂購。

所以，能否從網路上的關係，發展成面對面的關係，將是對方願不願意把工作委託給你的關鍵。

請善用個人媒體，對讀者提出聚會的邀請。對此有所回應的讀者，不是認真度或關心度相當高，就是問題相當嚴重，換句話說，就是最有可能成為客戶的人。把這些人聚集到自己眼前，就是接下來最該做的事。

1. 聚集讀者的方法

如果想要聚集讀者，可以舉辦講座或讀書會。

目的是與具有高度興趣或對主題高度關心的人建立關係，運氣好的話，說不定會成為客戶。聚集讀者還有更他許多好處，譬如：

- **可以看見讀者的模樣**
- **能夠了解讀者的屬性**
- **可以理解讀者的需求**

• 能夠與讀者對話

聚集讀者，形同與潛在客戶對話，就行銷的觀點來看極為重要。

聚集讀者的方法眾多，從事專家的工作時，一般會策畫並舉辦以專業領域為主題的講座。

接著，透過社群媒體邀請讀者參加。讀者就是關心該主題才會閱讀社群媒體上的相關文章，所以一定會有很多人對講座感興趣。

如果沒有舉辦講座的自信，可以採用讀書會或網聚的形式，也能夠以讀者交流為名義，舉辦餐會或交流會。

收不收參加費都無所謂。但如果想要長久持續，建議至少要回收固定支出。

此外，一般來說，報名免費講座的人出席率較低，參加者的與會動機也不高。所以，在能夠聚集讀者的前提下，建議不要免費舉行。

2. 舉辦講座的步驟

舉辦講座需要一步一步來，一般來說會根據以下步驟進行：

①擬定講座企畫

舉辦講座前，必須事先決定好名稱、內容、聽講對象、參加條件、時間、日期、場所、流程、參加費用等等。換句話說，就是擬定講座的企畫。講座需要決定的事項繁多，擬定扎實的企畫，可以避免遺漏或重複。

在企畫方面，主題尤其重要。說到底，舉辦講座的目的本來就是為了聚集社群媒體的讀者，探索客戶的需求，運氣好的話可以引導他們付費諮詢。所以講座主題務必與部落格相同。

此外，更重要的是講座的內容。擬定企畫時，可以先想像一下聽眾聽講前（Before）與聽講後（After）的狀況。

②決定日程

第二步是決定講座舉辦的日期時間。除了自己的行程之外，也必須配合參加者的屬性，決定雙方都方便參與的時段。舉例來說，如果參加者以經營者或企業管理階級為主，較方便的時段是平日白天。如果對象主要是個人，那麼多數人的空檔應該是下班後或假日，因此講座就要訂在平日晚上或放假的時候。

當然，決定時段的大前提是要確定場地。此外，有些場地位於保全森嚴的大樓，能夠進出的時間有限，假日可能不開放，必須注意。

③ 確定場地

場地也必須根據參加者的屬性決定。場地費占了活動經費的大半，而且是固定成本。不管招不招得到聽眾，都必須事先付款。換句話說，**場地是舉辦講座的最大風險**，必須慎重挑選。

話雖如此，選擇太便宜的場地會成為招攬客戶的阻力。客戶在評估參加費是否合理時，也會考慮到場地費，光是出色亮眼的場地，就可能提升滿意度。如果因為小氣而選擇便宜的會場，就算內容精彩，也可能拉低評價，甚至被批評為詐騙。決定場地時，不可不慎重。

④開始招募參加者

招募參加者的管道，主要透過社群媒體邀請，所以講座內容也必須與社群媒體相同。不妨告訴讀者，講座中將會提到部落格不能說的內容，或是回答部落格中不便回覆的問題，可望吸引讀者參加。假如公告之後立刻額滿，就證明了讀者有這樣的需求，請立刻追加其他時段。

⑤製作內容

聚集聽眾、考慮參加者的屬性後，再決定詳細的講座內容。內容是講座的關鍵，必須仔細斟酌。不過，該講的不是聽眾想聽的內容，也不是你想說的內容，而是能吸引聽眾接受諮詢的內容。請務必精心安排內容架構。

⑥考慮持續舉行

講座可透過一系列的的讀書會形式推出，而不是單一場次。如此一來，就能在舉辦時引導聽眾參與下一場，持續參加能夠讓關係更緊密。只要建立了長期的關係，就算現在不覺得需要立刻諮詢的人，在必要時也有機會找你商量。

步驟⑥ 提供諮詢

舉辦講座之後，就要準備免費的個別諮詢場地，提供希望進一步諮詢的參加者免費服務，進行更詳細的解說，或是回答對方個別的問題。

舉辦個別諮詢的主要理由如下：

1. 與真正感興趣的客戶面對面說話

參加個別諮詢的門檻比參加講座更高。所以特地前來接受諮詢的人，想必對該議題真心感興趣，或是問題更加嚴重。透過舉辦個別諮詢，可以從聽眾中篩選出這些客戶，並且進一步接觸。

2. 更加深入了解潛在客戶的真正想法

面對面單獨談話，能夠了解對方的潛在需求與真正的想法。如果問話技巧高明，更能幫助被諮詢者察覺自己沒有發現的問題癥結，認為有必要聘請顧問。

3. 能夠透過個別對話說服

一對一的面對面談話，能夠史詳細了解對方的狀況，依此提出更適合對方的具體方案，也更容易掌握對話的主導權，引導對方簽下顧問契約。

個別諮詢可依照下列步驟進行：

1. 決定日期時間

在講座舉辦日之後，確保多個每人三十分鐘至一小時左右的時段。

2. 決定場地

確定前述時間的場地。通常會使用自己的事務所。沒有事務所的話，就找咖啡店或共享會議室作為代替。場地必須安靜、保有隱私。

3. 提供個別諮詢的資訊

講座最後，告訴所有參加者「如果有需要，我也接受個別諮詢」。

4. 調整日期時間

將確定的開放諮詢時間印在紙上，發給參加者。請參加者從多個選項中，挑出幾個方便的時段排定優先順序，決定諮詢時段。

接著介紹諮詢的具體進行方式：

1. 填寫並繳交表格

個別諮詢的時間有限。為了有效利用時間，請先準備諮詢表格，接著請被諮詢者在諮詢當天前填寫完畢，或是現場花點時間填寫。

2. 實際面談

使用前述的諮詢表格面談，尤其請對方著重描述以下兩個面向：一是

「理想的情況」，二是「如何理解現況」，並且需要讓對方了解「理想」與「現況」之間的落差。

3. 給予建議

針對「理想」與「現狀」之差異應如何弭平，提出具體的方法。當然，通常由我們提出建議，但有時候被諮詢者也會在面談時自己察覺。

進行諮詢時，請留意下列幾點：

1. 誠摯解決客戶的問題

雖然目的終究是簽訂顧問契約，但諮詢時也必須設身處地為對方著想，如此才能建立信任，更有機會接到委託。

2. 盡可能與對方多聊一點

被諮詢者雖然希望聽到建議，但自己也會想要多說一點。說得愈多，滿意度愈高。但如果放任對方說個過癮就會沒完沒了，還是必須注意時間分配，將主導權掌握在自己手上。最好事先模擬面談流程。

3. 創造下一次面談的機會

盡量創造下一次面談的機會，不要讓諮詢結束在這一次。可以花點心思採取特定手段，譬如出作業給對方，約定在下一次面談時報告，或者也可以相約去對方的公司拜訪。不過，第二次之後的諮商就必須付費。

◉ 步驟⑦ 簽約

在個別諮詢時誠摯傾聽客戶的問題，提出各式各樣的改善方案，對方或許就會覺得「光靠我自己，實在做不到」「想請人幫忙」，於是「希望請你擔任顧問」的意願就會提高。

此外，報名個別諮詢的人當中，也有些人原本就打算委託顧問，接受諮詢只是為了確認詳情。走到這一步，終於到了即將簽下契約的時刻。

邁向簽約的步驟如下：

1. 製作顧問價目表

事先準備好顧問價目表，整理出自己的基本顧問方案，並針對客戶感興趣的部分進行說明。

2. 把評估資料交給顧客

無論被諮詢者對顧問多感興趣，只要他不是老闆，就無法立刻簽下顧問契約。通常必須先回報公司，等公司通過內部採購程序之後才能決定。因此在面談時，可以先將評估的資料交給對方。而且一定要設定回覆日期。

3. 請對方回覆評估結果

請對方在回覆期限內，回覆評估結果。

4. 有彈性地調整

如果對方無法直接接受該方案，就必須進入協調階段。請重新詢問對方的需求，譬如預算、執行時間等，爭取再度提案的機會。

接著介紹簽約的注意事項：

1. 不要受限於範本

提案終究只是參考，請務必告訴對方可以配合他的需求，積極客製化。

2. 嚴禁說出「我什麼都做」

剛開始創業的時候，很容易說出「我什麼都做」。但「什麼都做的人」，就是「什麼都不會的人」。因此，就算最後業務內容包山包海，表面上依然要明訂標準。換句話說，就是明確傳達「這次答應對方的需求，只是基於對方的狀況而不得不為之」。

3. 讓有決定權的人列席

被諮詢者不一定有決定權，就算說服了被諮詢者，他也可能無法說服公司內握有決定權的人。為了避免這種情況，請在個別諮詢的階段訂下規範：除非有決定權的人列席，否則不接受諮詢。

〈重點整理〉

- 既然頂著專家的頭銜，就不能推銷。
- 首先發布資訊，提高認知度，聚集有潛力成為客戶的人。
- 接著舉辦講座，提供聽眾免費諮詢服務。
- 在諮詢過程中，以接受委託的形式，簽下顧問契約。

5

創業不能犯下的十大禁忌

【同學會過後兩年，朋友找我喝咖啡】

我 嗨，你好像過得還不錯嘛！

朋友 謝謝。我後來試著依照你的建議創業了。

我 你試了哪些方法呢？

朋友 全部都試過了。我建立了部落格，還花了半年左右的時間拚命經營。

我 真有你的！很多人好不容易建立了部落格，卻都維持不了多久呢。

朋友 對啊，我很努力減少聚餐，提早起床。

我 這樣不錯啊，也比較健康。

朋友 實際動手後，發現反應還不錯。有人請我擔任講師，也有人找我幫雜誌寫稿，還有不少讀者來問問題。

我 這樣啊，部落格的內容一定很不錯。這些反應讓你更有自信了吧？

朋友 是啊！所以我前一陣子把心一橫，試著舉辦了以讀者為對象的講座。

我 喔，講座順利嗎？

朋友 還可以，來了大約十個人，雖然一半都是朋友。我怕人太少場面會很難看，所以拜託他們來參加。

我 這也無所謂啊。然後呢？

朋友 評價意外還不錯，我也試著提供有意願的人個別諮詢。其中一個人是自己開公司的老闆，他希望我能夠繼續指導。

我 這樣很好啊！結果呢？

朋友 結果我們簽約了。

我 哇，很厲害呢！接下來只要繼續保持就可以了。

朋友 真的，反應出乎意料的好。這全部都是你的功勞。

我 別這麼說，這也是因為你願意實踐啊。不過，你怎麼看起來沒什麼精神啊？

朋友 老實說，我最近遇到瓶頸了。

我 為什麼？不是進行得很順利嗎？

朋友 嗯，問題出在時間。時間不管怎麼樣都不夠用。我的本業維持著一定程度的忙碌，有時突然得開會，也需要接待客戶或出差。兩邊都不能開天窗。所以我想差不多該像你一樣獨立創業，全天專注於自己的事業上了。這樣應該能賺得更多吧？

我 現在辭職的話，收入有辦法生活嗎？

朋友 現在還不行，不過辭職的話時間會變多，營收也能立刻成長吧！

我 喂喂，這樣的話，談辭職還太早了。

「大人的周末創業」禁忌

到此為止介紹了開啟周末創業的最低限度需求，雖然有很多事情必須辛苦處理，但只要一步一步往前邁進即可。

最後，有些實際創業時的「重要事項」或「注意要點」因為無法排進步驟裡而沒有提及，所以在此以「禁忌大全」的形式，從第一條列到第十條。

接下來介紹的，都是大人的周末創業必須注意的事項。包括雖然剛開始不需要急著處理，但最好先放在心上的忠告、總有一天必須學會的事，以及如果不知道的話，將來可能會後悔或造成麻煩的事情。

希望大家可以在開始創業之前先讀過一遍。

第1條：本業不能偷懶

對大人而言，周末創業的大前提是不辭去本業的工作。周末創業就是因為能夠邊上班，邊持續經營事業才得以成功。所以本業絕對不能偷懶，請全力以赴。

◉失去本業的風險

前面提過「周末創業沒有風險」，但真要說起來，風險還是有的，就是「失去本業」。偶爾耳聞有人因為創業穿幫而被趕出公司，或是被上司盯上，最後在公司待不下去，不得不辭職。

長年服務於公司，再怎麼說都受了公司不少照顧。辭職的時候，還是會希望公司幫你辦一場送別會吧？畢竟也老大不小了，必須避免在最後的最後晚節不保。

執行周末創業時，唯一風險就是被公司追究，或是與公司發生糾紛。如何避免這些狀況，就是大人的周末創業的風險管理。這點應該無需贅言，但我還是必須特別提醒。

很多人在周末創業開始賺錢之後，就會不知不覺忽略本業的工作，開始偷懶、心不在焉。這樣的態度一定會讓公司不滿。只要受僱於人、拿人家薪水，就該好好做出成果，這是社會人士的常識。

此外，各位在公司當中想必也有一定的地位，對周遭同事或年輕人也具有一定程度的影響力。

話說回來，在公司無法提出成果的人，也很難離開公司、開創新事業。再者，跟公司鬧翻後辭職，也會對周末創業造成不良影響。現在社群媒體普及，消息傳播的速度遠比以前快得多，不好的傳聞很快就會傳遍業界。所以不管是公司本業，還是周末創業，都應全力以赴。

工作途中，或許難免會一不留神就思考起周末創業。尤其我不斷大力推薦各位，剛開始創業時要活用本業的經驗與人脈，因此在公司上班時，想必滿腦子都是創業靈感：「這說不定能運用在周末創業。」「這項技術在離職之後派得上用場。」這是極為常見且無可避免的狀況，不妨善加活用，但也請僅止於在腦袋裡的思考即可，絕對不要大肆表現於言語或態度。可以的話，我建議花點心思，讓本業與周末創業產生加乘效果。

第2條：別輕易找人合夥

大人的周末創業，基本上建議從獨自一人開始。當然，你可以盡量請教前輩或夥伴的建議（不如說本來就應該這麼做），也還是可以和別人聯手展開事業，但這種情況下，建議採用兩個獨立個人彼此合作的形式。說到底，創業的起步階段，還是應以自己一個人為原則。

◉為什麼必須獨自創業呢？

這是為了避免互相依賴。要是其中一方依賴另外一方，創業就不會順利。

特別是自己一個人比較容易催生想法或企畫。在這方面，公司往往會透過會議，以民主方式決定，因為這樣能夠分散責任。但是，透過組織形式制定的企畫，可說是妥協之下的產物。

再者，開會對創業者而言太花時間。有過出席經營者會議的經驗就會知道，會議中決定事情的節奏很快。一旦習慣這樣的速度，就會覺得公司會議太過冗長，根本開不下去。

小規模事業的優點就是速度，如果開會討論才能決定事情，就可能失去這樣的優勢。

而且，就算彼此相熟，總是待在一起也會造成壓力。要是事業決裂，甚至可能失去一位重要的朋友。

如果不得不與別人合作，最好先確定大致的方向，實際開始行動後再來討論合作，會是比較安全的方式。

◉合夥經營，不會順利

合夥經營的案例不少，但多數運作得並不順利，卻也是實情。這樣的現象，在周末創業中更為顯著，理由如下：

1. 因為對方的想法而妥協

合夥經營之下，容易導致其中一方（甚至雙方）對自己的想法產生妥協。周末創業的真諦，就是把自己想做的事、做得到的事當成創業題材，並讓事業步上軌道。以此為前提，創業者才願意背負風險，努力奮鬥。一旦對自己的想法產生妥協，周末創業就沒有意義。

就算彼此相熟，想做的事或做得到的事也很難完全一致。即便最初一致，隨著時間過去，也可能漸行漸遠，愈來愈難合作下去。

2. 對方可能會向公司洩密

合夥經營時，也可能碰上周末創業的最大問題——穿幫。一般而言，剛開始周末創業時，最好瞞著公司同事。就算公司不禁止副業，也可能會招人眼紅，最好不要說出去。

事實上，一旦開始和別人合作，就容易在公司走漏風聲，因為對方可能會洩密。當然，身為一同創業的「共犯」，合夥對象的口風應該很緊，但是一旦轉虧為盈，任誰都會忍不住想炫耀：「我正在經營了不起的事業喔。」

此外，就算夥伴沒有主動洩密，兩人之間的對話也可能被人聽到，要是傳進公司或上司的耳裡，就可能會發生問題。

◉如果無論如何都必須與別人合夥……

理解了以上問題後，如果還是必須與別人合夥經營，請先釐清以下三點，取得雙方共識之後再開始。

1. 確認雙方的想法

確實告訴對方自己寄託在事業上的想法，確認對方能夠理解、配合。

2. 釐清分工關係

事先決定發生問題時的負責人，以及意見不同時，由誰裁示最後決定。一定要先選出一位代表。

3. 金錢方面必須公平

金錢的分配問題，其實很重要。無論如何分工，在金錢方面都必須保持公平。

釐清以上三點，取得彼此的共識後再開始進行，是成功合夥的條件。

第3條：盡量不要花錢

大人的周末創業必須徹底排除風險，因為大人剩下的時間比年輕人少，失敗之後東山再起太浪費時間了。

想要降低風險，就必須盡量不花錢。當然，事業不可能全無花費，但對於支出的拿捏，我認為謹慎到近乎神經質才是剛剛好。

◉周末創業要動腦

周末創業要以「動腦」取代「花錢」，尤其在起步階段，嚴禁砸下大錢。特別是事務所營運費或人事費等固定支出，必須極力避免。

因為一旦經營不順，損失將會極為可觀。如果剛開始花太多錢、增加太多固定支出，當業績受到公司內外的環境影響而惡化時，很快就會碰到瓶頸。

事業是持久戰。就算剛開始發展順利，整體環境也可能因為景氣動向或局勢變化而急轉直下。這時候，如果固定支出太過龐大，就更難撐下去。

◉ 創業不需要花錢

時代改變，現在創業不一定得花錢。以前成立法人需要資本，開設事務所需要保證金，安裝電話需要購買電話權，租伺服器是一大筆費用，架設網站的代價也很昂貴。**我們這個世代對當時的景況印象深刻，所以往往抱有「創業很花錢」的成見。**

有些人利用這樣的成見，接近創業的人，以花言巧語說服他們掏出錢來。譬如「你是要創業的人，花這點錢是家常便飯」或者「你是要當經營者的人，連這點小錢也拿不出來就太丟臉了」等等。有些創業者聽信這些話，導致辛辛苦苦存下來的退休金大幅縮水。

但是，**現在是連成立法人都不需要資本的時代**。開創事業幾乎不需要初期投資，甚至連成立法人都不需要。此外，與客戶溝通可以透過手機或電子郵件，並沒有安裝市內電話的必要。

現在創業也不需要辦公室，就算有需求，目前已有數不清的共享辦公室或共同工作空間可供選擇，架設網站也不需要花錢。除此之外，只要善用網路上的服務，很多事情都能免費解決。現在真的是擁有很多創業資源的時代。

◉練習花錢

話雖如此，既然是經營事業，就不可能完全不花錢。尤其廣告宣傳、資訊收集、自主學習等，都是必要的投資。

然而，就算是這些投資，最初也必須謹慎。花錢自有訣竅，也需要養成習慣。

經營者與上班族的花錢方式及想法完全不同。至今從事幾十年上班族的人，當然會不熟悉經營者的花錢方式。首先，應該從「如何花錢」學起，但這只能靠經驗培養。

就算懂得花錢，事業還是需要經歷一段摸索期。相對之下，如果不花錢，就不會有任何損失，自然也就能毫無後顧之憂地大膽挑戰。

因此，最好盡量減少初期投資的金額，**等到事業步上軌道，再慢慢注入資金**。周末創業必須習慣這樣的花錢方式：剛開始不要太過好高騖遠，以輕鬆的心態起步，細心培育新生的幼苗。

第4條：不要中途放棄

大人的周末創業需要一段時間才能上軌道。開始創業之前，請先做好相當程度的心理準備。前來諮詢的人當中，有些人表示：「雖然嘗試開始，卻完全不順利，所以放棄了。」但如果問我的意見，我會說他缺乏毅力。剛開始請做好「創業不可能一帆風順」的心理準備，相信自己能夠成功，並且堅持下去。

◉在開始獲利之前，會有好幾年沒收入

上班族就算什麼都不做，在固定的發薪日也會有固定的薪水入帳。就算是打工族，做多少事情也一定能獲得多少酬勞。

但自己創業就不一定了。付出的勞力，不一定能夠換成金錢。一般來說，通常需要半年到數年，才能獲得第一份收入，在這之前不會有任何報酬。

大人的周末創業也不例外。**就算拚了命努力，至少也要好幾個月才能看見曙光。**不可能剛起步就順利，一開始就必須做好會失敗兩、三次的心理準備。

不過，就算失敗了，也不能輕言放棄。因為一旦開始成長，將會產生會急遽的變化。

當然，在那之前必須確保生活費無虞，所以要趁著還擁有公司職位時開始準備。

◉創業家的資質是「執著」

常有人要我舉出在周末創業獲得成功的最重要一項資質，我總是回答「執著」。任何創業家都必須有耐心到近乎執著的地步，這是基本條件。實際上，我幫助過的案例當中，不少人熬了三年、五年才出頭。

周末創業最大的好處是擁有穩定且持續的收入——公司薪水。這份薪水讓「耐心經營」以及「展開大膽的事業」兩者得以實現，千萬不能放棄這份最寶貴的資源。

在經歷摸索與失敗的過程中，將逐漸掌握「賺錢的能力」。必須在公司的庇護下，邊領取薪水，邊重複這樣的過程。經歷愈多的摸索與挫折愈好，如此一來，身為創業家的經驗值才會愈練愈高。擁有豐富的經驗，最後才能成為千錘百鍊的創業家。請務必堅持下去，不要中途放棄。

◉灰心的時候就換位思考

話雖如此，付出的努力無法換成報酬，還是很難受的。長期累積之下，或許會讓人灰心喪志。如果事業遲遲無法帶來收入，請冷靜反省自己「還缺了什麼」。

請務必站在客戶的立場思考，自問：「如果我是客戶，願意使用這項服務嗎？」「我願意付費委託嗎？」

有時候也必須傾聽周圍的聲音，向朋友或家人徵詢最真實的意見，並根據這些意見，一邊進行多方改良，一邊堅持下去。

如果目前的事業始終無法順利，不妨展開其他事業，反覆這樣的過程本身也是一種樂趣。如果無法享受過程，或許表示該領域的事業並不適合你。這時候，請在自己的專業領域內重新檢視創業題材。

無論如何，反覆這樣的過程，就能培養出堅強的創業家。請不要放棄，在反覆摸索中前進。至於這段時間的生活，就靠著公司的薪水支撐吧。

第5條：別輕易設立法人

有意願開始周末創業的人，常問我：「需要設立法人嗎？」就結論來說，事業剛起步時，完全沒有設立法人的必要。

幾乎沒有人會在周末創業剛起步時設立法人，這不僅麻煩，維持與管理也費力又花錢。與其把金錢與時間浪費在這種地方，不如用來壯大事業。

◉從小型事業開始進行

在未設立法人的情況下經營事業，可分為「獨資」（出資人數一人）與「合夥經營」（出資人數二人以上）兩種形式。一般來說，在創業時到相關機構完成行號登記設立，就能以創業主的身分展開事業。不過，如果以周末創業的形式開始，甚至不提出申請也無所謂。

一般而言，因為周末創業者有其他本業，且周末創業屬於小規模事業，在這種情況下不必申報營利事業所得稅，而是併入到個人綜合所得稅計算；此外，創業者的「所得」（也就是營收扣掉成本與支出費用所剩餘的金額）在達到起徵點之前，都不需要課徵「營業稅」[7]。

◉事業規模擴大後的注意事項

若是日後事業步上軌道，月銷售額超過二十萬元，不僅就要使用統一發票報稅，也要報繳五%的營業稅。

除了營業稅之外，也必須申報營利事業所得稅，但並不計算及繳納這份結算稅額。而營利事業的所得，則會列為創業者的所得，課徵相應的綜合所

7 編按：每月銷售額達到以下起徵點就要課徵營業稅，依行業而有所不同：
・8萬元（買賣業、製造業、手工業、新聞業、出版業、農林業、畜牧業、水產業、礦冶業、包作業、印刷業、公用事業、娛樂業、運輸業、照相業、一般飲食業）
・4萬元（裝潢業、廣告業、修理業、加工業、旅宿業、理髮業、沐浴業、勞務承攬業、倉庫業、租賃業、代辦業、行紀業、技術及設計業、公證業）

得稅。

不過，稅務及發票開立事項必須根據實際狀況判斷。如果不放心，可以自行向相關機關說明事業狀況，依法申報。

◉設立法人的時機

等事業進一步成長後，再開始評估法人化。綜合所得稅的計算方式採用累進稅率，隨著所得增加，稅率也會提高，最高至四〇%，等於收入的將近一半都拿去繳稅。

這時候就要考慮法人化。法人的營利事業所得稅稅率為二〇%，整體稅負較輕。因此有了一定的獲利之後，就能期待藉由成立法人節稅。

不過，法人化就需要支付其他費用，例如會計師的薪資報酬。因為製作財報或稅務申報的作業，會隨著法人化而變得複雜，一般都會委託財務助理或會計師進行，這時就需要支付相應的的薪資報酬。

一般來說，在判斷是否該法人化時，都會考量伴隨而來的費用支出，進行綜合性的評估。

◉法人化的其他好處

經費的承認範圍，也會隨著法人化而擴大。舉例來說，像顧問這類不太會有經費支出的業種，只要藉由法人化讓自己以老闆的身分領取董事報酬，就能享有薪資所得扣除額。

不過，**董事報酬一旦決定，就必須每月支付相同的金額**。如果是營收大幅變動的事業，當營收大幅下滑時，就會陷入「公司明明虧損，個人所得卻需要繳納高額稅金」的窘境，這點必須注意。

◉節稅以外的判斷基準

除了稅務之外，當然還有其他判斷基準，譬如客戶有時也會要求法人化。**如果客戶是企業，有時也會開出「交易對象必須是法人」的條件**。想要與這樣的客戶交易，就必須成立法人。

此外，有些人或許會覺得法人化能夠「提高自己的動力」或是「增加對外的信賴性」。不過，法人化的時機、事業的規模類型，也會隨著狀況或想法而改變。

無論如何，法人化不僅要考慮眼前的節稅，也必須根據長期的狀況。此外也建議在判斷之前詢問專家的意見。

關於成立公司的方法與詳細步驟，書店就能找到許多詳細解說的書籍，或者也可以委託會計師之類的專業人士處理。

第6條：別疏於納稅

提到稅金，首要之務就是絕對不能逃漏稅。因為納稅是國民的義務。周末創業愈上軌道，愈需要留意稅金問題。舉例來說，就算有大幅營收，也嚴禁浪費。因為部分金額必須在日後做為納稅之用。

尤其**周末創業的收入不適用各項扣除額，導致所得稅率往往會跟著提高**。預留充分金額，到了報稅時才不會焦慮。此外，周末創業使用的所有經費都必須記錄下來，並且保留收據。

第7條：不要陷入證照迷思

不少人在開始周末創業時會宣稱：「我要先考張證照！」我每次聽到都很佩服，覺得「大家都好認真啊」。

◉為何熱衷於考證照

在討論考證照的優缺點之前，先想一想為什麼有人會熱衷於考證照。或許是因為，多數上班族都有「一直以來都靠著讀書安身立命」或是「多虧學生時代努力讀書，才有今天」的自覺。

所以在開始做一件事情之前，大多數人都會想先從讀書開始。這或許也是因為「讀書」是比較容易的切入點。

當然，考證照還是比什麼都不做要來得好，不過還是有很多人不考證照也能成功。拿成功與失敗的案例進行比較，會發現其實與證照沒什麼關聯。

◉考取證照的好處

不過，考取證照還是有好處的，具體如下：

1. 學習系統化的知識

透過考證照的準備，學習有關該領域的系統化知識。只要肯學，就能在知識方面滿足該領域專家的條件。

2. 突顯專業性

擁有證照，就能下定決心投身於該領域。只要在名片或簡介中列出持有的證照，別人就會把你視為該領域的專家，更容易打造品牌。

3. 參與證照資格者的社群活動

無論什麼樣的證照，都可見相關資格者的社群組織，只要取得證照就能參加，也有機會從社群中接到工作委託。社群中的成員多數正向積極、價值觀相似，多半能一拍即合。

由此可知，證照不嫌多。如果起步階段「不知道想做什麼」「不知道該做什麼」，不妨從考張證照開始。

◉ 考取證照的缺點

不過，如果接下來想要考張證照，也有些缺點：

1. 花時間又花錢

一般來說，考取證照既花時間又花錢。大人的時間特別寶貴，必須在退休之前啟動周末創業，並且讓事業步上軌道。考證照會導致事業更晚開始，這對時間寶貴的大人而言，無疑是一大硬傷。

2. 事業受到限制

雖然說取得證照就能下定決心投身相關領域，但反過來看，這也代表事業受到限制。當然，要在哪個領域創業，最終決定權在於自己，但也可能因為捨不得辛苦考來的證照無法發揮效用，導致不顧自己的適性與事業的將來性，被局限在特定領域裡。

3. 考到之後就鬆懈了

考證照耗時又傷財，有些人為了考取證照而全力以赴，但是，考到證照並不代表工作上門。考到之後，反而才是挑戰的開始。

以上就是考取證照的優缺點。請仔細衡量自己的情況，評估考取證照的利益是否大於弊害。

話雖如此，我也有好幾張證照。但就我的經驗來說，這些證照其實對事業的幫助不大。挑戰證照固然能讓世界更寬廣，也對創業帶來間接的幫助，但頂多就只是這種程度而已，還請自行判斷。

第8條：環境打造不能省

開始周末創業時，有些事情建議先做，有些東西也建議先添購比較方便，但是沒有必要一開始就把所有的東西都打點好。接下來將逐一介紹一些可以慢慢備齊的事物：

1. 打造良好的電腦環境

周末創業不可缺少電腦與網路環境。雖然手機與平板已經普及，但正式經營事業還是需要電腦與網路。雖然多少得花點錢，但這些都是現代創業的必需品。除了與客戶溝通之外，為了降低蒐集資訊的成本，請務必添購電腦，充分運用。

2. 確保順暢的溝通管道

現在基本上需要靠電子郵件才能與客戶溝通。申請 Gmail 等服務，就能在辦公室或外出時處理郵件。只要擁有順暢的網路與手機，無論是在辦公室或咖啡店，都能收信、回信。

3. 追求省力

能夠事先制定標準作業程序的事物，就盡早制定，例如與客戶的溝通交流等事項，或是提早備妥「會面場所的地址與地圖」「匯款帳戶」「常被詢問的項目」等資訊範本。如果能把常被問到的問題整理成FAQ放上網站，就能省去一一回答的麻煩。

此外，使用電子郵件的自動回信功能，也更便於確認信件與回覆感謝函。

至於電腦操作方面，可以將經常使用的詞彙登錄為快捷詞彙，或是活用捷徑等功能，就能達到省力的目的。

4. 備妥必需品

①【印章】

簽署契約、文件或提取現金的時候，都會用到印章。非法人雖然可以用私章或簽名代替，但為了公私分明，最好還是準備事業專用的印章。如果已經取好公司行號名稱，也可以使用該名稱製作。此外，收據有時也需要蓋收款章。這些都可以透過網路訂購，只要花點錢就能刻好。

②【銀行帳戶】

請以公司行號的名義，開立周末創業專用的銀行帳戶。只要看到金錢匯入帳戶，就能激發奮鬥的動力。對時間有限的周末創業家而言，使用網路銀行服務相當方便，在家就能確認匯入的款項及進行轉帳。

③【單據】

經營事業，有時會遇到需要出貨單或請款單的狀況。這時可以使用文具店販賣的現成品，只要蓋上橡皮公司章即可。或者可以使用 EXCEL 自行製作，也可以上網搜尋單據範本。寄送請款單時，在信封蓋上橡皮章，就成為商用格式。

④【網站】

架設網站，提供公司簡介、個人簡介、商品說明、辦公室地點、實績與媒體報導，以及電子報訂閱欄位等資訊。客戶會先透過網站確認資訊，因此網站是創業時不可或缺的要素。

一開始可以使用部落格或社群媒體的簡介欄取代，但網站能提供的資訊量較大，也更能讓客戶感到信任，最好還是趁著初期階段準備。網站的精緻度會大幅影響信任感，千萬馬虎不得。

完成之後，請在名片或電子郵件的簽名檔列出網址。考慮到這點，最好準備自己的網域名稱。

⑤【業務簡介・手冊等】

會面時，若需要提出名片以外的資料，就必須製作業務簡介或手冊。雖然紙本資料逐漸被網站取代，但還是有其便利的一面，譬如在外出時可以直接拿給對方。使用簡報軟體製作，再用彩色印表機列印出來便已足夠。如果頁數較多，花點錢裝訂成冊，看起來會更正式。

⑥【辦公室】

周末創業盡可能不要花錢，所以剛創業時的辦公室就是自己家。如果不方便請客戶到家裡，可以把附近的咖啡店或飯店附設咖啡廳當成談生意的地方。如果每個月拿得出一、二萬元左右，也可以租用共享辦公室、共同工作空間或租賃辦公室。這些空間除了接待客戶之外，也可以簡單辦公。

⑦【商標】

製作商標能讓事業變得更正式。商標可以印在名片、信封或請款單等文件上，也可以顯示於網站上。雖然可以使用繪圖軟體自行製作，但發包給網路上的設計業者，能夠取得更專業的成品。最近有些業者更推出五千元左右的實惠方案，各位不妨多方參考。

以上介紹了許多該準備的事項，這些事項皆可進一步詢問相關服務業者，但由於業界時有變動，新舊店家相互更迭，所以在此刻意不提供具體的店家名稱。請各位自行上網搜尋，相信可以找到豐富的資源。

目前的所需事物就是這些。除此之外，當然許多可補充的事項，但是一口氣全部準備完畢，無論對時間或對金錢而言，都是很大的負擔。相較於此，首先更應以成立事業、讓事業上軌道為最優先。其他的事物，就根據業績的成長狀況，再慢慢準備齊全即可。

第9條：不要隨便辭職

周末創業的前提是不辭職。正是因為擁有公司薪水，足以支撐生活，才能放膽嘗試，不需要背負風險。上班期間可以積蓄能量、進行準備，所以不應隨便辭去工作。

◉辭職的決定必須慎重

當周末創業步上軌道之後，時間就會漸漸不夠用，再加上副業經營有成，自然就想要專注處理副業的事。能夠遇到讓自己開心的工作固然相當幸運，但在「腳踏兩條船」的前提下，只要不辭職，就無法運用白天的時間，僅能趁著周末、假日及上班前的早上或下班後的晚上，處理副業工作。這麼一來，就會讓人忍不住想要辭職。

但是，辭職的決定必須審慎考慮。**最好盡可能巴著公司不放，不要因為貪圖更多的時間，或嫌公司太無聊而急著辭職。**

特別是各位身為大人，只差幾年就得以退休。既然都忍到今天，不如繼續撐到退休吧！如此一來，周遭的人會肯定你的功勞，也能領到全額退休金，圓滿離開公司。撐到退休，會是比較聰明的做法。

◉即使如此，還是想要辭職

即使如此，還是有人無論如何都想辭職吧？請謹慎評估時機與自己的事業，再行判斷。如果錯估自己的實力，或者誤判辭職時機，將對日後的活動造成影響。接下來將介紹「分辨辭職時機的訣竅」，避免失敗。

第一個訣竅是把收入當成判斷標準。**如果是普通的周末創業家，我會建議「等副業收入達到與公司薪水相同程度」再談辭職**。腳踏「本業」與「周末創業」兩條船，等到光靠第二條船就能獲得與本業相同的收入時，理論上就可以辭職。當然，判斷時也必須一併考慮退休金。

此外，部分公司會在服務超過一定年資後大幅調高給付倍率，也有公司除了退休後的生活基本保障外，還會根據在職期間的貢獻度或業績評價進行加碼。退休金制度就寫在就業規則的退休金規定當中，請先讀過一遍吧。

無論如何，當周末創業的收入與本業並駕齊驅時，就可以把辭職納入考量。

另一個判斷訣竅是公司的營運狀況。如果公司建議你退休，或是因為破產、裁員而不得不離職，那也是無可奈何的事情。畢竟周末創業的另一個面向，就是要降低意外帶來的衝擊。

另一方面，如果公司提供早期優退制度，提前退休可以獲得退休金補貼，也可以納入離職考量。此外，被外派、調到地方等，也會成為辭職的契機。或者因為太忙而影響健康，就有充分理由考慮辭職。

以上都是判斷辭職時機的依據。不過，畢竟是長久以來照顧自己的公司，辭職時還是盡量不要造成公司的困擾。價值判斷因人而異，我想，當自己決心想要做個了斷時，就是辭職的時機。

第10條：別太擔憂未來

◉終於辭職了！辭職後的必辦事項

不管是中途辭職，或是迎接退休的那一天，離開公司的日子終將到來。請在這天來臨之前，讓周末創業確實步上軌道。如此一來既有收入，也累積了實力，明天開始就能以創業家的身分展開嶄新人生。

不過，離開公司還是會讓心中充滿焦慮。接下來為各位介紹主要的焦慮來源與對策。

◉退休者面臨的三大焦慮

辭去工作的人將面臨「三大焦慮」，分別是：

- 失去收入來源的焦慮
- 失去頭銜的焦慮
- 失去容身之處的焦慮

接下來將一一進行說明：

1. 失去收入來源的焦慮

首先是失去收入來源的焦慮。很多上班族會擔心「辭職之後，不曉得收入是否足以支付生活所需」。關於這點，只要實踐周末創業就能解決。

但就算實踐了周末創業，焦慮依然存在。周末創業家仍舊會忍不住擔心「就算現在順利，也不保證幾年之後依然順利」。想要克服這點，行動就對了。只要持續採取行動，增加營收，就能消除焦慮與恐懼，奮力前行，就能甩開負面能量。

2. 失去頭銜的焦慮

接著是失去頭銜造成的焦慮。上班族沒有頭銜就會不安，因為離開公司、失去頭銜之後，就會覺得自己什麼也不是。舉例來說，打電話到別的公司時，第一句話勢必是：「您好，我是某某，請問某某人在嗎？」這時，別人一定會問：「請問您是哪家公司的某某呢？」

此外，辦信用卡、填寫飯店或旅館的住宿資料時，也會不知該如何填寫「公司」欄位。這時，不妨使用先前創造的頭銜來解決問題。如果連公司行號都準備好，就更完美了，只要習慣用自己取的名稱代替公司名稱即可。養成習慣之後，就不是什麼大問題。

3. 失去容身之處的焦慮

最後是失去容身之處的焦慮。無法再前往幾十年來每天上班的公司，頓時失去容身之處，這是每位退休族必須忍受的空虛，甚至連「白天在家」都會讓他們產生罪惡感。

此外，在家工作也會感受到來自家人的壓力。有些人容易整天關在家裡，逐漸不與他人來往，結果變得鑽牛角尖、自尋煩惱；也有人有過著日夜顛倒的生活，目光逐漸短淺，最終演變成憂鬱症。

剛離開公司的時期，需要特別注意。最好積極與人見面，也必須重新找到自己的容身之處，譬如附近的咖啡店、圖書館或租賃辦公室等。

為了預防以上三大狀況，建議離開公司、自行開業後，一定要到處「拜碼頭」。盡量多拜訪幾位以前照顧過自己的客戶，告訴他們「我退休了，現在開始從事這樣的工作，請多多指教」。

為了避免唐突，請事先透過電子郵件等方式打聲招呼。一離開公司就馬上採取行動，就能讓自己有事可做，也有地方去，不再因為「沒有容身之處」而感到焦慮。

離開公司後，就立刻一一約訪。只要腳步勤快起來，就會因為忙碌而沒有時間焦慮，說不定還會有客戶以委託取代賀儀。好的開始就是成功的一半，建議各位務必試試看。

〈重點整理〉

- 開始周末創業後，請掌握各項千萬不能觸犯的禁忌。
- 心裡必須有個底：創業賺到多少錢之後才可以辭職。
- 失敗是理所當然，請做好會失敗幾次的心理準備。
- 離開公司一定會失去一些事物，請做好心理準備，以免陷入焦慮。

【一年後，再度與朋友見面】

我　好久不見！後來你好像很拚啊。最近我偶爾也會從其他顧問口中聽到你的消息。

朋友　還好那時候聽從你的建議，我現在也還在上班。

我　但創業還是挺順利的吧？這不是好事嗎？

朋友　是啊！雖然還是比不上本業，但也好不容易賺到可以生活的程度了。

我　這樣你可以放心了吧？你打算在管理職的年齡上限退休嗎？

朋友　其實我正在煩惱這件事，或者應該說，最近發生了有趣的事情。

我　怎麼說？

朋友　我在公司升官了！到了這把年紀，竟然還能當上執行董事。或許因為從事公司以外的活動，人脈變多，視野也變得更開闊。可能也要歸功於心態的轉變，我覺得反正都要辭職了，不如在會議上拋下顧慮，大膽提案。

我 這不是很棒嗎？

朋友 對啊，但也因為如此，辭職的決心動搖了。

我 這也沒什麼不好啊。反正就慢慢想吧，有選擇是最好的。

朋友 或許吧！無論如何，都要謝謝你在三年前的同學會給我的建議。

我 我也很開心能夠幫上朋友的忙。

朋友 今天就讓我請客當作謝禮吧！

我 喂喂，我可沒有這麼好打發。

朋友 哈哈，看在朋友的份上，剩下的就讓我先欠著吧。

我 你還是一樣不客氣啊！算了，這次為了慶祝，我就睜一隻眼閉一隻眼。不過，我今天可要不醉不歸。

朋友 這是當然！

結語

EPILOGUE

啟程吧！迎向安心且自由的未來

感謝各位讀到最後。讀得還愉快嗎?雖然寫了很多，但本書想要傳達的訊息，其實只有短短一行：

自食其力很重要。為了培養這項能力，請趁著還在上班時開始練習。

簡單來說就是這樣，這也是我從二十多年前就一直掛在嘴邊的話。

如果你現在是五十歲的上班族，或許在面臨眾多計畫時，已經把「差不多該休息了」的念頭放在心上。但就如同本書所說，在人生百歲的時代，你的人生才過了一半。

如果想在人生的下半場，過著豐富幸福的生活，就應該靠著自己真正想做的事情賺錢。為此，必須趁著還能領薪水的現在開始準備，不要等到退休。讀到這裡，我想你已經知道方法了。

這本書對我而言相當特別。我在十七年前出版《周末創業》，當時的責任編輯小早川幸一郎，目前已經是一家出版社的社長。

當時，他是在出版社工作的上班族，還是個二十多歲的年輕編輯，負責製作我的書籍。編輯過程中，對我提倡的「周末創業」概念產生共鳴，於是也著手進行周末創業，最後離開公司，成立出版社。

後來過了十幾年，這間出版社成了業界數一數二的公司，甚至再度催生了本書的企畫，真是無限感激。

其實不只是小早川社長，看了我的書而開始周末創業、離開公司成為創業家或經營者之後，邀請我一起合作的人絡繹不絕。

有人是上市公司的老闆，也有人的公司即將上市；有人因為實踐周末創業而磨練出敏銳的商業直覺，最後成功跳槽；更有人升上了公司的主管。

這些人，現在都邀請我成為他們的事業夥伴。對作者來說，沒有比這更開心的事情了。

現在拿起這本書的是你。既然他們都做得到，你沒有理由做不到。

在他們之後，這次輪到你成功經營自己的事業了。我由衷期待你在日後跟我聯絡。

人都會老。到了我這個年紀，老化的感受更是日漸深刻。身體的各個部位都逐漸衰退，再也無法像年輕時那樣思考、活動。看在年輕員工或孩子們的眼中，自己想必就像個頑固的老頭吧。

不僅力不從心，有時也會覺得寂寞。但這也是沒辦法的事情，只能默默接受。

即使如此，既然活著，還是希望活得愉快、有尊嚴。能否過著稱心的生活，關鍵就在於自立。

想要活得有尊嚴，就要盡可能靠自己的力量生活，不依靠國家或地方政府，更不依靠孩子或年輕人的照顧。

為此，你需要更加努力。

有尊嚴的生活需要保持身心健康，與家人及朋友建立良好的關係，更重要的是保有賺錢的能力。

別賴在舊公司不走，不要依靠孩子。自己想要的、需要的，就靠自己的力量賺取。

如果能夠做自己想做的事、擅長的事，那就再好不過。現在就必須採取行動，取得實踐夢想的武器——「賺錢的能力」。

如今是不斷邁向高齡化的時代，如果這個世界能早日充滿著從事喜歡或擅長工作的高齡者，想必會更加美好。我希望能夠協助打造這樣的世界。

現在就出發前往一場享受人生下半場之旅吧！期待有一天，能在旅途中遇見你。

MEMO

MEMO

MEMO

MEMO

Unique系列 50

大人的周末創業

讓經驗、人脈、興趣變現金的未來獲利術

大人の週末起業

作　　者　藤井孝一
譯　　者　林詠純
責任編輯　李韻
校　　對　許訓彰、李志威、李韻
行銷經理　胡弘一
行銷主任　彭澤葳
封面設計　沈佳德
內文排版　簡單瑛設

發 行 人　梁永煌
社　　長　謝春滿
副總經理　吳幸芳

出 版 者　今周刊出版社股份有限公司
地　　址　台北市南京東路一段96號8樓
電　　話　886-2-2581-6196
傳　　真　886-2-2531-6438
讀者專線　886-2-2581-6196轉1
劃撥帳號　19865054
戶　　名　今周刊出版社股份有限公司
網　　址　http://www.businesstoday.com.tw

總 經 銷　大和書報股份有限公司
製版印刷　緯峰印刷股份有限公司

初版一刷　2020年9月
定　　價　320 元

國家圖書館出版品預行編目 (CIP) 資料

大人的周末創業：讓經驗、人脈、興趣變現金的未來獲利術 / 藤井孝一作；林詠純譯. -- 初版. -- 臺北市：今周刊, 2020.09
256 面；14.8×21 公分. -- (Unique 系列；50)
譯自：大人の週末起業
ISBN 978-957-9054-65-2 (平裝)

1. 創業　2. 成功法

494.1　　109008391